新世纪农民致富丛书

水产品养殖及病害防治

SHUICHANPIN YANGZHI JI BINGHAI FANGZHI

史进录　尤汉宏　编著

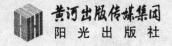

黄河出版传媒集团
阳光出版社

图书在版编目(CIP)数据

水产品养殖与病害防治 / 史进录,尤汉宏编著. — 2 版.
— 银川:阳光出版社,2011.4
ISBN 978-7-80620-805-2

I. ①水… II. ①史… ②尤… III. ①水产养殖②水
生生物—病虫害防治方法 IV. ①S96②S94

中国版本图书馆 CIP 数据核字(2011)第 063185 号

水产品养殖与防治　　　　　　　史进录 尤汉宏 编著

责任编辑　王　燕
封面设计　王会明
责任印制　岳建宁

黄河出版传媒集团
阳光出版社　出版发行

地　　址　银川市北京东路 139 号出版大厦(750001)
网　　址　www.yrpubm.com
网上书店　www.hh-book.com
电子信息　yangguang@yrpubm.com
邮购电话　0951-5044614
经　　销　全国新华书店
编辑热线　0951-5014124
印刷装订　宁夏雅昌彩色印务有限公司
印刷委托书号(宁)0007734
开　　本　880 mm × 1230 mm　　1/32
印　　张　3.875
字　　数　99 千
版　　次　2011 年 4 月第 1 版
印　　次　2011 年 4 月第 1 次印刷
书　　号　ISBN 978-7-80620-805-2/S·28
定　　价　10.00 元

目 录

名特优新水产品养殖

常见鱼病防治

名特优新水产品养殖

(一)池塘主养团头鲂技术

团头鲂又名武昌鱼,属鲤形目鲂属,是一种经济鱼类,原产湖北省中型湖泊中。头短而小,口端位,体侧扁平,背高有棱,腹棱自腹鳍基部至肛门。尾柄长小于尾柄高。体银灰色,鳞细小为圆鳞,侧线鳞50~56片。

团头鲂属草食性鱼类,性情温和,生活在水体中上层。抗病性、适应性均较强,成活率高,易捕捞,生长较快,肉味鲜美,是一个优良的淡水鱼养殖品种。

1. 池塘条件

(1)鱼种池面积3~5亩,成鱼池面积8~15亩,最大不要超过20亩,以免因投饵不均而造成出塘规格差异过大。鱼池水深1.5米以上,鱼池底质好,无渗水、漏水现象。池底平坦,池底淤泥深度不超过20厘米。

(2)鱼池进排水系统配套,成鱼池配备增氧机,每5亩鱼塘配3千瓦增氧机1台。

(3)水量充足、水质清新无污染,池水透明度在25~35厘米;池水早晨溶解氧不得低于3.0毫克/升;池水pH值在7~8之间;养殖期间定期注排水。6~8月每半月注水1次,每次注水20~30厘米,并视天气和水质及时注排水。

2. 鱼种放养

团头鲂主养效果较好,可适量混养鳙和鲫鱼。鱼种在放养前必须用生石灰等严格清塘消毒。要求鱼种规格均匀,体格健壮,无外伤。团

1

头鲂抢食能力弱,不可放养鲤、草鱼等抢食能力较强的鱼类。鱼种用 20 毫克/千克高锰酸钾溶液浸泡 10 分钟或用 5%食盐水浸泡 3~5 分钟后再放养。放养时先放主养鱼,15 天后再放养混养鱼。

团头鲂鱼种采取二级专池培育, 当年团头鲂鱼苗先经过约 20 天时间培育成夏花(3 厘米左右),再分塘培育成每尾 50 克(每千克 40 尾)的大规格鱼种。二级大规格鱼种放进成鱼池直接育成商品鱼。成鱼池与鱼种池的面积比为 85:15。

3. 饲料与驯化投喂

以团头鲂专用颗粒饲料为主(或罗非鱼颗粒饲料),要求配方合理、营养全面,水中稳定性好,无霉变,颗粒均匀。成鱼饲料粒径 4 毫米、鱼种饲料粒径 2 毫米。每天搭配投喂一定量青饲料。投喂坚持定质、定位、定时、定量的"四定"原则,投喂量及投喂次数可根据温度、天气、鱼规格等情况作适应的调整。

青饲料可以弥补人工配合饲料的某些营养缺陷。团头鲂为草食性鱼类,主养团头鲂每天必须投喂一定的青饲料补充营养,同时可以减少精饲料用量,降低饲料成本,促进鱼类生长。

4. 养殖模式

采用 80:20 主养团头鲂模式,团头鲂 1000~1200 尾/亩(放养规格 50 克/尾),鲫鱼 150~200 尾/亩(放养规格 50 克/尾),白鲢 100~150 尾/亩(放养规格 100 克/尾),花鲢 10~20 尾/亩(放养规格 150 克/尾)。以投喂颗粒饲料为主,辅以青饲料。团头鲂鱼种选用浦江一号良种,鲫鱼选用彭泽鲫或异育银鲫。

5. 管理

主要是做好水质调控、饲料投喂、鱼病防治三个方面的工作。定期抽样测定鱼类生长情况,根据水温、天气、鱼规格等情况灵活掌握饲料投喂量,防止过量投喂和投喂不足而影响鱼类的正常生长。

(二)良种鲫养殖技术

鲫鱼古时亦称鲋鱼,是一种中型鱼类,由于肉味鲜美,适应性强,生长快,易饲养,深受消费者的青睐。鲫鱼在中国淡水渔业中占有重要地位,是主要经济鱼类之一。我国先后选育的良种鲫品种有 10 余个,其中彭泽鲫、异育银鲫、湘云鲫、松浦银鲫等 4 个良种鲫品种被国家农业部公布为全国淡水渔业推广养殖的品种。

1. 良种鲫的主要经济性状

(1)生长速度快 一般当年鱼均可达商品规格,较鲫的生长速度快 3 倍左右,体重可达 200 克左右。

(2)个体大 传统鲫为中小型鱼类,自然条件下,1.0 千克以上者已极为罕见,但已发现的彭泽鲫最大个体为 6.5 千克。

(3)适应性广 迄今为止,已育成的良种鲫均能在我国的南北东西自然越冬,生长发育。对生态和养殖条件要求不高,pH4.5~9.0 范围内均能生存,生存水温范围为 0~38℃。

(4)抗病力强

(5)食性杂 良种鲫的食性十分广阔,对饵料适应能力很强,食性随水体中饵料生物的存在多寡分布变化。它们既食生物饵料,也喜食人工配合饲料。

(6)易饲养 良种鲫既适应在池塘养殖,又适宜在稻田、网箱等多种水体中养殖。养殖试验表明,良种鲫既适宜主养,也适宜搭配养殖或混养。

2. 苗种培育

(1)鱼苗至夏花鱼种的培育

①育苗塘 面积 3~5 亩,水深 1.2~1.5 米,排灌方便,塘底平坦,塘堤坚固,不漏水。

②清塘消毒 鱼苗下塘前 7~10 天,用生石灰或漂白粉消毒。

③培肥水质 鱼苗下塘前 5 天,每亩施放有机肥 200~300 千克做基肥,并加深塘水至 0.7 米。放水时,用密网过滤,严防野杂鱼和杂物入塘。

④鱼苗放养 事先用少量鱼苗测定池水药性是否消失,并拉网清除塘中蛙卵、蝌蚪、杂物。鱼苗下塘时运苗容器内的水温与塘水温差不超过 5℃。经长途运输的鱼苗,下塘时必须连鱼带包装袋先放在塘水中

漂浮一段时间,使袋内水温与池塘水温相近后再解开袋口,一边加入塘水,一边慢慢把鱼苗倒入塘中。每亩放养量10万~15万尾。

⑤饲养管理　鱼苗下塘后看水施肥,每亩追施有机肥20~30千克。在鱼苗下塘后10天内每日喂豆浆2次,每亩每天用黄豆3~4千克,投喂量根据鱼苗的生长逐渐增加。每7~10天注水1次,每次加水10~20厘米,逐步将水深加到1.2米左右。每天观察天气、水质和鱼类活动情况,以利掌握投饵、施肥量、鱼病情况等,及时清除杂草、蛙卵、蝌蚪等,以提高成活率。

⑥鱼苗出塘　鱼苗经饲养20~25天,全长达3厘米左右,经拉网锻炼后,即可分塘养殖。

(2)夏花鱼种至冬片鱼种的培育

夏花鱼种培育至2.5~3.5厘米,应及时转入鱼种池进行冬片鱼种的培育。主养鲫鱼种的池塘中,鲤鱼、草鱼、花鲢不易作搭配品种,宜套养白鲢、团头鲂等品种。放养密度:鲫鱼10000~15000尾/亩,鲢鱼1500~2000尾/亩,团头鲂300~500尾/亩。

3. 成鱼养殖

良种鲫成鱼养殖方式多种多样,既可在成鱼池中主养,也可在其他商品鱼池塘中混养,还可在鱼池中套养。

(1)成鱼池主养

主养良种鲫的成鱼池面积为5~10亩为宜,水深1.5米以上。放养数量比鲫鱼2000~3000尾/亩,规格50~75克,花鲢100尾/亩,白鲢200尾/亩或团头鲂200尾/亩。放养时间易早不宜迟。

在饲养管理中,驯化方法与鲤鱼相同。以投喂精饲料为主,结合施肥培养水质为辅。精饲料的年投饵量相当于良种鲫预计存塘量的2.5倍左右。坚持"四定"原则。日投喂量根据鱼体生长情况、天气、水温和鱼的摄食强度而定,并根据水质情况适时施肥或加注新水。投喂时间一定要掌握好,最少每顿要1小时以上,以投饵机投喂效果较好。

(2)成鱼池混养

良种鲫在成鱼池中混养,可采用与草鱼、鲢鱼、鳙、鲂、鲤等多品种池塘混养。放养的鱼种以 8~10 厘米左右的冬片鱼种为宜,或放养良种鲫大规格的夏花鱼种(5.0 厘米以上)。放养密度,冬片鱼种亩放 150~200 尾,而大规格夏花鱼种则亩放 300~400 尾。如果池中有肉食性鱼类,则放养的良种鲫冬片鱼种要达到大规格即每千克 20 尾。

良种鲫套养的成鱼池,鱼种放养前对池塘进行常规清塘、消毒等处理。每亩施基肥(畜禽人粪等有机肥)150 千克左右,然后视养殖水质情况,分期分批增施追肥或加注新水。饲养管理以成鱼池主养的常规养殖管理方法为主,对套养的良种鲫无特殊要求。

4. 病害防治

常见的疾病大多数为寄生虫性鱼病,如锚头鳋、车轮虫病、指环虫病。在鱼苗孵化期间,鱼卵易受真菌感染发生水霉病,由细菌或病毒引起的烂鳃病等。

(1)出血病　预防:每 15~20 天全池泼洒消毒剂 1 次,同时投喂抗菌素药饵 1 天。治疗:外用消毒剂泼洒 1~2 次,投喂抗菌素药饵 3~5 天。

(2)烂鳃病　与出血病方法相同。

(3)车轮虫病　此病是影响鲫鱼吃食的主要原因,一年四季都有发生。车轮虫适宜繁殖水温是 20~28℃。该病主要危害 3 厘米以下的鱼苗、鱼种,密养和瘦弱的鱼苗、鱼种最易发病。车轮虫寄生在全体表和鳃上,在显微镜下观察虫体像滚动的车轮。病情严重时,引起寄生部位分泌大量黏液,口腔也充满黏液,不摄食,鱼苗沿池边狂游,鱼体消瘦。可用硫酸铜、硫酸亚铁合剂 0.7 毫克/千克(5:2)全池泼洒,严重时可按此比例早晚各洒 1 次,能有效杀灭车轮虫。第三天用 0.5 毫克/千克高效消毒灵全池泼洒治疗烂鳃。

(4)指环虫病　用 0.5 毫克/千克晶体敌百虫全池泼洒能有效防治指环虫。

(5)水霉病　只发生在鲫受精卵孵化阶段和鱼苗培育阶段。鱼体受伤时易感染水霉病。防治方法:鱼卵可用万分之一(10 千克水放药 1克)的孔雀石绿溶液浸泡 0.5 分钟;池塘可用亚甲基蓝 2~3 毫克/升浓度全池泼洒,如果效果不显著,隔 3~4 天后再用同样药量泼洒 1 次。

(三)池塘主养草鱼技术

草鱼是中国传统的淡水养殖品种。近几年来,由于饲料价格不断上涨,鱼产品价格徘徊不前,鲤鱼精养受到了市场的极大冲击,而草鱼以其低成本的饲料消耗,鲜美厚实的肉质逐步成为消费热点。利用原有的精养鲤鱼坑塘设备进行草鱼的精养,是一条提高经济效益的可行之路。同时对促进宁夏水产养殖技术的提高和科技进步,有效增加从渔农民的经济收入具有重要意义。

1. 池塘和水质

(1)池塘条件

要求池塘远离污染源,面积 5~10 亩,池底平坦,底质最好为壤土,稍有渗漏为佳,底泥 10~20 厘米,水深 2 米左右。每个池塘应配备 3 千瓦叶轮式增氧机 1 台,4 寸水泵 1 台,以备及时换水与增氧。

(2)严格清野消毒

草鱼自身病害较多,精养池塘更易爆发流行病,同时消除杂鱼是保障草鱼正常摄食、节约饲料的重要举措。具体做法是:在干塘情况下(积水 5~10 厘米)亩用生石灰 75~100 千克化浆全池泼洒,或亩用漂白粉 10 千克,温水溶解后全池泼洒,彻底杀灭致病细菌。

(3)水质

养殖盛季(6~9 月份)池水透明度保持在 30 厘米左右,pH7.5~8.5,有机物耗氧量(COD)为 18~20 毫克/升。

2. 鱼种放养与品种搭配

(1)鱼种养殖

一般亩放养规格为 5~10 克/尾的草鱼种 2000~3000 尾,白鲢夏花鱼种 1000~1500 尾/亩,花鲢夏花鱼种 1000~1500 尾/亩。不搭配鲤鱼,以避免与草鱼抢食。

(2)成鱼养殖

草鱼种应选择体色金黄,外表无伤,活泼健壮,体重在 100 克左右的个体。草鱼种一般亩放养 600~800 尾,可搭配鲤鱼种 200~300 尾/

亩,规格为 50~100 克/尾;白鲢鱼种 100~150 尾/亩,规格为 100~150 克/尾;花鲢鱼种 100~150 尾/亩,规格为 100~150 克/尾;鲫鱼种 300~500 尾/亩,规格为 25~50 克/尾。另外,鱼种入池前,应注意体表消毒。

3. 鱼用饲料

池塘精养草鱼所用饲料采用以配合饲料为主,青饲料为辅的方式。配合饲料以鱼粉、豆粕、麦麸、次粉、玉米、精草等原料为主,配以矿物盐、多维及氨基酸的复合添加剂,要求饲料营养全面,其中粗蛋白 28%~35%、粗脂肪 3%~5%、碳水化合物 40%、纤维素 8%~10%,青饲料投喂紫花苜蓿、黑麦草、苏丹草、旱草、水草等,要求饲草鲜嫩,便于草鱼消化。

4. 饲养管理

(1)投喂

精养池塘的投喂是饲养管理阶段的主要工作。饵料的粒径大小根据鱼体规格确定,在不同的生长期选择不同营养标准的饲料。投喂方式采用人工驯化定点投喂,严格坚持"四定"原则。投喂次数:成鱼最高 4 次/天,鱼种最高 5 次/天。每次的投饵时间控制在 30~45 分钟。投饵方式采用投饵机自动投喂效果较好。从 6 月份开始,每天投喂青饲料 1次,投喂量不宜过大,以七八成为宜,严防过饱过饥。

(2)水质管理

①定期泼洒生石灰,一般每半月按每亩水面,每米水深 20 千克施用或漂白粉 1 毫克/千克全池泼洒。

②有计划地加水换水,每 10 天注入新水 1 次,每次注入 20~30 厘米,到 7 月中旬,视实际情况换水 1 次,换水量为 1/2。

③6 月~8 月中旬草鱼容易缺氧浮头,在此时节,晴天中午开动增氧机 2~3 小时,凌晨开机 3~4 小时,阴天半夜开机 1 次,以预防鱼类浮头。

④认真巡塘,及时掌握池鱼活动、吃食状况,掌握水质变化情况,做到无病早防,有病早治。

⑤清理池中杂物,捞出草鱼吃剩的青饲料茎、叶等。

5. 鱼病防治

坚持"预防为主"的原则,每半月全池泼洒 1 次含氯消毒剂,同时投喂 3 天含抗菌素的药饵。

(1)车轮虫病

草鱼体色发黑,游动缓慢,摄食差,镜检鳃部寄生大量车轮虫。该病对草鱼危害较大,5~9 月份发病率较高, 是导致草鱼死亡的主要病害。防治方法:全池泼洒 0.7 毫克/千克的硫酸铜、硫酸亚铁合剂(5:2),隔天泼洒 0.5 毫克/千克高效消毒灵。

(2)烂鳃病

该病主要由车轮虫寄生后造成鳃部组织损伤, 细菌继发感染,常与车轮虫病并发。发病时鳃部黏液增多,鳃丝腐烂、肿胀,游动缓慢,食欲减退。防治方法:①全池泼洒 0.7 毫克/千克的硫酸铜、硫酸亚铁合剂(5:2),杀灭车轮虫;②全池泼洒 0.5 毫克/千克高效消毒灵或 0.2 毫克/千克二氧化氯 2 次;③连续投喂 3~5 天含抗菌素的药饵。

(四)南方大口鲶养殖技术

南方大口鲶,又称大口鲶,属鲶形目鲶科鲶属。大口鲶适应性强,生长速度快,其肉质细嫩、味道鲜美、肌间刺少、腴而不腻,不仅是席上佳肴,而且有滋补、益阴、利尿、通乳、消渴、治水肿等药用功效。消费市场广阔,人工养殖经济效益高,是普遍受到消费者和生产者欢迎的一个优良养殖品种。

1. 品种来源

南方大口鲶主要分布于长江流域的大江河及通江湖泊之中。由于该鱼品质优良, 四川省水产研究所最先于 1985 年将大口鲶进行人工驯化养殖研究。在驯养过程中,能使其食性发生改变,即由原只吃活鱼虾等肉食转变为可吃人工配合饲料,能够适应规模化、集约化人工养殖,经济效益也较高。从 1992 年起,养殖区域逐步扩大到中南、华东、华南各省、市、自治区,其产量大幅度增加。

2. 特征特性

南方大口鲶,头宽扁,胸腹部粗短,尾长而侧扁;体表光滑无鳞,皮肤富有黏液;眼小,口大,因而得名;成鱼有须 2 对,幼鱼阶段有须 3

对;尾鳍中间内凹,上下叶不对称,上叶长于下叶;肠短,有胃;背部及体侧通常灰褐色或黄褐色,腹部灰白色,有黑色小点,各鳍为灰黑色。

大口鲶属底层鱼,白天多成群潜伏于水底弱光隐蔽处,夜晚分散到水层中活动觅食。生存水温为0~38℃,生长适宜水温为12~31℃,最佳温度为25~28℃。其性温顺,不善跳跃,也不会钻泥。为凶猛肉食性鱼类,捕食各种鱼虾和水生昆虫类。同类相残现象严重,甚至能吞下相当于自身体长2/3的同类。其生长较快,1龄鱼体重可达500克左右。

在天然水域中,大口鲶4龄达到性成熟,体长80厘米的成熟雌鱼,可怀卵4万多粒。产卵期在3~6月,产卵水温18~26℃,最适20~23℃。其卵油黄色、透明,扁圆形,遇水即产生黏性。水温22~25℃时,受精卵40小时孵出鱼苗。刚出膜的仔鱼有一个很大的卵黄囊,侧卧于水底只能尾部摆动,2~3天后可自主游动并开始觅食。

3. 苗种繁育

(1)人工繁殖

优质的亲鱼是人工繁殖成败的关键。亲本个体重应在10千克以上,在亲鱼培育期间可投喂鲜活饲料,如小杂鱼虾、畜禽内脏等,也可投喂人工配合饲料,要求粗蛋白含量达40%以上。定期冲水,特别是临产前1个月要加大冲水量,增加其流水刺激。当水温适宜时,选择腹部膨大、松软,腹面可看到明显的卵巢轮廓,生殖孔扩张而呈红色的雌鱼,轻压腹部有精液外流的雄鱼进行催产。采用人工授精法时,雌雄比2:1;自然产卵受精方法雌雄比为2:3。催产剂用家鱼常用的药物均可。1次或两次注射都行。水温在22~23℃时,效应时间为12~14小时。人工授精,要注意掌握好效应时间,准确判断亲鱼发情时间,适时捕起亲鱼进行采卵、采精、混合均匀,使其充分受精。孵化方式有自然孵化、脱黏孵化、不脱黏孵化等,常用的孵化环道、孵化缸、小网箱都可进行孵化,孵化水温一般为17~28℃,最适水温为23~25℃。

(2)鱼苗培育

鱼苗池面积25~100平方米,水深0.8~1.0米为宜。鱼苗放养密度为每平方米1000~1500尾。适时下池,即在鱼苗卵黄囊基本消失,能够正常进行水平游动时及时下塘。鱼苗的开口饲料可用熟蛋黄或小型枝角类和桡足类,随着鱼体不断长大,可投喂水蚤、摇蚊幼虫、水蚯蚓、蝇蛆及各种小家鱼苗,或喂些蚕蛹粉、猪血、人工配合饲料等。要注意在同一池中,不能混放不同日龄的鱼苗。大口鲶有些怕光,因此最好在鱼苗池上设置遮盖物。培育时间 10~15 天,鱼苗长到 3 厘米左右时,再分池饲养。

(3)鱼种培育

将体长 3 厘米左右的夏花鱼种培育到 10~12 厘米的大规格鱼种,历时大约 30~40 天。这个阶段是鱼种培育的关键时期,大口鲶要经历被迫由吃活饵料转变为吃人工配合饲料的转食过程,同时这段时间内是相互残食最严重的时期。要注意池水透明度适中,水质清澈见底时,自残现象最严重。要投足大口鲶最喜爱的饲料,并及时清池过筛、分级分池饲养。鱼种达到 5 厘米后,就要投喂人工配制的转食饲料,即添加了诱食剂的人工配合饲料,其基本成分是鱼粉、蚕蛹粉、猪血粉、酵母粉、饼粕和小麦等。诱食剂有鱼肉糜、虾蟹糜、动物肝脏糜等。转食过程 7~12天。日投饲 2~3 次,投饲量为体重的 15%~20%。在 70%的鱼种已能摄食人工配合饲料时,即可完全投喂人工配合饲料,每天 2 次。配合饲料成分要求:粗蛋白 42%~48%、粗脂肪 8%~10%、糖 25%~30%、粗纤维 6%~8%,另加一定量的维生素和无机盐。要加强管理,防治疾病。

4. 成鱼饲养

要选择纯正的大口鲶鱼种用于成鱼养殖,在购置时要与土鲶苗种相区别。大口鲶苗种的尾鳍的上叶明显比下叶长,体色较透明为黄褐色、灰黄色,集群活跃,觅食强;而土鲶苗种尾鳍上、下叶等长,体色黑色或深墨绿色,分散于池中,不活跃,觅食差,生长缓慢,个体小。各地养大口鲶成鱼方式较多,主要有如下几种。

(1)池塘主养

池塘面积 5 亩以下,一般以 1~2 亩、水深 1.5~2.0 米为好。要求水源充足,进、排水方便,最好配备增氧机。放鱼种前池塘按常规办法进行清塘消毒。每亩放鱼种 800~1000 尾,规格为每尾 8~12 厘米,饲养

140~150天,当年可养成平均尾重500克以上的商品鱼,成活率85%~95%。还可搭配放养一定数量的花、白鲢大规格鱼种,每亩放100~120尾,注意不要放养鲤、鲫、草鱼等吃食性鱼类。成鱼饲料主要是人工配合饲料,要求粗蛋白质36%~42%,颗粒直径为3~5毫米。有条件的地方可投喂鲜活动物性饲料,包括各种野杂鱼、家鱼苗种、罗非鱼自繁仔幼鱼、动物内脏、蚯蚓、蝇蛆、螺蚌肉、禽畜内脏等。这些饲料质量较高,但数量有限,适合农家或渔民小规模养殖大口鲶。人工配合饲料的基础成分是鱼粉、蚕蛹、血粉、豆饼、菜籽饼、玉米和小麦等,另加维生素和无机盐合剂。用优质人工颗粒饲料喂养,饲料系数为2.0~2.5,约需150天时间,就能达到亩产成鱼400千克的生产水平。

(2)池塘套养

在小型野杂鱼较多的家鱼成鱼池、亲鱼池、大堰塘里,可以适当配养一些大口鲶鱼种。配养的数量主要依水域里饵料鱼的多寡来决定,通常每亩水面可投放体长12厘米以上规格的鱼种20~50尾。这样可在不减少主养鱼产量、不增加饲料投入的情况下,当年就能收获尾重0.5~1.5千克、每亩10~25千克的大口鲶成鱼。在家鱼池塘中配养了大口鲶后,非但不会影响主养鱼的产量,相反,大口鲶能吃掉野杂鱼和病弱鱼,起到减少家鱼争食对象和抑制鱼病发生的作用,促进增产增收。因此,在养鱼池塘中配养大口鲶的方法大有推广意义。注意:依靠套养鱼种解决来年大规格鱼种的池塘不宜混养大口鲶;水质过肥,排灌不便,家鱼经常浮头而又没有增氧机的池塘,也不宜混养大口鲶。

(3)网箱饲养

由于大口鲶经人工驯化养殖,它对网箱环境和人工配合饲料都有良好的适应能力,所以近些年利用网箱饲养大口鲶发展较快。

①网箱架设 常采用三级网箱养殖方法。即放养4~5厘米长的鱼种,先在一级网箱中培育,长到一定规格后,转入二级鱼种网箱饲养,最后转入第三级成鱼网箱养殖。这3种网箱的网目分别为0.6~0.8厘米、1.0~1.5厘米和2.5~3.5厘米。网箱应架设在相对开阔、向阳,有一定风浪或有缓流的水域。

②鱼种放养 当年繁殖的鱼苗培育到4~5厘米,方可放入一级网

箱饲养,密度为每平方米 400~600 尾。饲养 15~20 天后,清箱过筛,大小不同的分箱饲养,把达 8 厘米以上的鱼种按每平方米 300~400 尾的密度另外分箱饲养。当鱼种规格达到 16 厘米左右时,转入二级鱼种箱饲养,密度为每平方米 200~250 尾。当其尾重达 25 克左右时,转入成鱼箱饲养,这时的密度为每平方米 120~150 尾。如果投放尾重 400 克左右的隔年鱼种,每平方米只能放养 30~50 尾。

③投喂技术　根据大口鲶不同生长阶段的营养需要,生产上常采用 4 个饲料配方:转食饲料、鱼种饲料、成鱼饲料和秋后饲料。其中蛋白质含量最高的为转食饲料,达 45%~48%,以后随鱼体长大而递减。成鱼饲料配方中粗蛋白含量为 35%。加工中要注意原料尽可能粉碎得细些,且黏合剂质量要好,以保证饲料颗粒在水中有 1 小时左右不松散,提高大口鲶摄食利用率。

在网箱中饲养大口鲶,个体较小的在水体中层摄食,个体较大的则在底层取食,小个体的爱吃腥、软质饲料,稍大些的个体才愿吞食干、硬颗粒饲料;不论大小规格的鲶鱼,几乎没有浮上水面来抢食的习性,较喜在箱周围和 4 个箱角栖息活动。因此,网箱内必须设置饲料台,悬挂在箱内离网底 20~30 厘米处。投喂时将饲料撒在饲料台上方水面,在饲料颗粒逐渐下沉的过程中被大口鲶吞食。投喂量在大口鲶全长 5~10 厘米时,日投饵率为鱼体重的 8%~10%,日投 3~4 次;全长在 10~13 厘米时,日投饵率为 4%~6%,日投 2~3 次;全长在 23 厘米以后,投饵率可降为 1%~3%,日投喂 1~2 次,每天最后一次投饵可安排在晚上 10 点钟左右进行。

网箱养鲶一般于 5 月份鱼种进箱,饲养到 10 月底收获,时间 150 天以上,成活率可达 70%,每平方米网箱可产商品鱼 65~100 千克,尾重可达 500~700 克。

④稻田放养　大口鲶可在稻田养鱼中作为主体品种。稻田须选择水源充足,能排能灌,天干不旱,洪水不淹,水质良好无污染的地方。块田面积要求在 1 亩左右。放鱼种前,要加高田埂,开挖鱼沟和鱼坑,建好拦鱼设备。投放的鱼种规格要大,并用 5% 的食盐溶液对鱼体进行严格消毒。也可混养鲤鱼、草鱼。在饲养过程中,可投喂从其他水域中捕

获的野杂鱼或采购廉价低值鱼作为饲料,或将这类小杂鱼用绞肉机绞成肉泥,混合其他植物性饲料,以面粉黏合制成混合饵料投喂。如果养殖规模较大,则须使用全价颗粒饲料才能满足大面积生产的需求。平时应常注水和更换新水,以保证水质鲜、活、爽。

5. 鱼病防治

大口鲶比其他许多鱼类的抗病能力强,所以常见的疾病并不多。相对而言,大口鲶在苗种阶段的鱼病稍多些,常见的有白嘴白皮病、小瓜虫病和出血病等。成鱼阶段易患肠炎病、打印病、鲺病等。这些病害发生的原因,往往是鱼池清塘消毒不好、苗种放养密度过大、水质变坏未能及时改善,投喂的饵料带来病原体等。所以首先应以预防为主,一旦发病,就应及时治疗。由于大口鲶是无鳞鱼类,对各种药物较有鳞鱼更为敏感,因此用药应特别注意,使用量一般不应超过常规用量,对刺激性和毒性较大的药物,其用量应小于常规用量,采用少量多次的方法较为合适。如治疗白嘴病,若由车轮虫寄生引起,可用每立方米水含硫酸亚铁 0.1 克全池泼洒;若是由细菌引起,每立方米水用 0.2~0.3 大多强氯精或漂白粉 1 克全池泼洒,或每立方米水用生石灰 25~40 克全池泼洒,连用 2~3 天。

(五)斑点叉尾鮰的人工养殖技术

斑点叉尾鮰原产于北美洲,属大型鱼类,最大个体可达 20 千克左右。由于该鱼肉质细嫩,营养丰富,味道鲜美,且无肌间刺,加上生长快、个体大、食性杂、抗病力强、起捕率高、适温广等特点,深受消费者和养殖者的青睐。

1. 生物学特性

斑点叉尾鮰体形较长,体前部较宽肥,后部稍细长,腹部较平直。体表光滑无鳞,黏液丰富,侧线完全。

其头部较小,口亚端位,上下颌有小而密的细齿。具 4 对触须,以口角须最长。背鳍和胸鳍均有一根硬棘,具脂鳍 1 个。尾鳍分叉较深。身体呈灰色或深灰色,腹部乳白色,体两侧有不规则的黑斑点。

斑点叉尾鮰为底栖性鱼类,且有集群特点,性较温顺,较易上网,在池塘一网起捕率可达70%左右。斑点叉尾鮰为杂食性鱼类,性贪食,并喜欢在弱光条件下集群摄食。在天然水体,幼鱼阶段主要摄食浮游生物和水生昆虫,成鱼则主要摄食底栖动物及有机碎屑等。在人工饲养条件下,还喜食商品饲料。该鱼对环境适应性较强,适温范围为0~38℃,生长摄食温度为5~35℃,在水溶氧2毫升/升以上即能正常生活。

斑点叉尾鮰生长速度较快,在精养条件下,当年夏季孵化出的鱼苗,到年底一般可长至15~25厘米,第二年尾重可达0.8~1.0千克左右。其性成熟年龄为3~4龄。产卵季节为每年的5~8月份,属一次性产卵类型,产卵水温为20~30℃,相对怀卵量为5000~13000粒/千克体重。在自然条件下,亲鱼有筑巢和护卵的习性。

2. 苗种培育技术

苗种生产采用二级培育法,即把仔鱼先培育成4厘米左右的夏花,然后把夏花分池育成体长12厘米以上的冬片。

夏花培育池面积以1亩左右为宜。可采用与"四大家鱼"苗种培育相似的方法,每亩放养3万~5万尾左右。经20~30天的培育,当鱼苗体长达4~5厘米时,应及时稀疏分塘,转入鱼种培育阶段。鱼种培育池可选用面积1~2亩的池塘,经清塘后亩放夏花10000~13000尾。此阶段鱼苗已转为吞食为主,所以主要靠摄食人工饲料,可先以粉状料过渡,待鱼苗长至6~7厘米时,逐渐改投小粒径的浮性颗粒饲料,根据水温高低,日投饲量一般控制在3%~5%左右。夏花鱼种培育至年底,其体长一般可达15厘米以上,此时并池自然越冬。

3. 成鱼养殖技术

斑点叉尾鮰适应性强,其养殖方式既可单养,又可混养。既可在池塘,水库饲养,也可在网箱或流水池中进行集约化养殖,其中以池塘和网箱养殖较为普遍。

(1)池塘养殖

池塘主养斑点叉尾鮰,可利用一般池塘,经清整消毒后,于秋季或春季开始放养,每亩可放13~18厘米的鱼种1000~1200尾,放养的鱼种规格要尽量一致,同时可混养鲢、鳙鱼种 50~100 尾。饲料以人工配合饲料为主,天然饵料为辅。配合饲料的粗蛋白含量为 30%~34%,主要原料为进口鱼粉、豆饼、麸、玉米、米糠、矿物质添加剂、维生素添加剂。日投饵量约占鱼体重的 1%~4%,投饵次数为每日 2~3 次。投饵应坚持"四定"原则,保证饲料质量的新鲜,无霉变。养殖期间应适时加入新水,保持水中溶氧在 3 毫克/升以上,pH 值在 7 左右。同时做好防病、消毒工作,减少疾病的发生。

斑点叉尾鮰也可以混养在以草鱼、鲢、鳙鱼为主的池塘中,即在常规养殖池塘中,每亩混养 15~20 厘米的斑点叉尾鮰鱼种 80~100 尾。适当增加投饵量,搞好水质管理,一般每亩可增产 50~80 千克。池塘混养叉尾鮰后一般不再套养鲤、鲫鱼等底层性鱼类。

(2)网箱养殖

可选择交通方便,无污染的水库或湖泊等水域,水深要求达 4 米以上。可采用 2 米×2 米×1.2 米的封闭型小网箱,网目大于 2 厘米。若投喂沉性颗粒料,则要制作一个口径 10 厘米的饲料管通到离箱底 30 厘米处,箱底用密网目缝合成饲料台;若投喂浮性饲料,则不必设置饲料管,但要在箱盖上制作一个浮性饲料框。多个网箱可用缆绳连接成一排后,两头抛锚固定在所选定的水域中。网箱排列方向与水流垂直,箱间距要大于 3 米,行间距大于 20 米。新网箱必须在放养前 7 天下水布设完毕,以便让箱体上附着一些丝状藻类等附着物,可避免擦伤鱼体。网箱的鱼种应在冬季或早春放养。每箱可放体长 15 厘米左右的鱼种 800~1000 尾。放养后要加强日常管理:①每天巡箱检查,防止逃鱼。②勤洗箱,一般每 7 天一次,夏季更要勤洗箱,确保箱内外水流通畅,水质清新。③坚持"四定"投饵原则,饲料要适口、新鲜,不投霉变的饲料,日投饵量控制在 2%~3%。④做好"三防"工作,即防洪水、防破箱逃鱼、防鱼病等。由于网箱养殖密度大,更要注意采取"预防为主,内服外消"的综合防病措施,除了在鱼种入箱时要小心操作,并进行鱼种浸泡消毒外,在鱼病流行季节,还要定期在饲料中加入磺胺类、呋喃类及抗生素等药物内服,同时采取挂袋法消毒网箱周围的水体,以减少病原菌感染的机会。

(六)罗非鱼池塘养殖技术

罗非鱼(又称非洲鲫鱼),是一种热带鱼,原产非洲。罗非鱼体短而高,体灰黑带斑点,色易变化,具有适应性广、繁殖力强、食性杂、抗病力强、饲料较易获取、饲料利用率高、生长快和肉质鲜味等优点,现已成为广泛养殖的淡水鱼类。尤其是奥尼罗非鱼(奥利亚罗非鱼♂×尼罗罗非鱼♀),雄性率高,饲料利用率高,群体生长快,产量高而受到养殖者欢迎。

1. 鱼苗培育

(1)培育池

培育池面积 2~3 亩,水深 1.5 米以上,水源充足,进排水方便。放苗前,彻底清塘消毒,曝晒 3~5 天。

(2)水质

放苗前 7~8 天灌入清新水。灌水需经 40~60 目网过滤除杂。水深80 厘米,后投肥(有机肥、化肥或绿肥等),待浮游生物大量繁殖后放鱼种。放养 10 天后,水深加至 1.5 米。

(3)温度

放苗时,运输鱼苗水温与培育池水温差不超过±2℃。培育水温保持 22℃以上。

(4)放苗密度

每亩放同批次鱼苗 8 万~10 万尾,1 次放足。

(5)培育管理

鱼苗下塘后的前 3 天以投喂畜禽鲜血浆或熟黄豆粉为主；后 17天,以熟黄豆粉、米糠、黄粉、低等面粉等粉料投喂。

(6)鱼苗出池分养

①鱼苗经过 20 天培育,一般长到 3~5 厘米,即可进行出池分塘养殖,进行鱼种培育。

②出池分养。出池前 1 天停止投喂。网具要求光滑细密,宜在晴天上午九时开网,避免烈日下开网操作。操作轻快,"不吊水",即分即过塘。

2. 鱼种培育

(1)培育池同鱼苗池

放种前清塘消毒,注水用 40~60 目网过滤除杂。每亩施猪粪或其他畜禽粪 250 千克培育肥水,有机畜禽粪肥要经过发酵腐熟,并用 1%~2% 石灰消毒,水质肥爽,透明度 25 厘米左右,7 天后放苗。培育水深 1 米以上。

(2)放养密度

每亩放养同一规格 3 厘米或 5 厘米鱼苗 0.8 万~1.5 万尾。

(3)饲喂

放苗后,投喂含粗蛋白 32% 配合颗粒饲料,粒径 1.5~2.0 毫米。日投喂 2 次,上午 8~9 时,下午 5~6 时,日投喂量为鱼体重的 7%~8%。

(4)育成

经 20 天培育,长成鱼种,全长一般长到 10~11 厘米,体量 25~50 克左右,即可分塘养殖。

(5)鱼苗鱼种的消毒

鱼体消毒的药物及方法主要有以下几种。

①食盐　浓度 2%~4%,浸洗 5~10 分钟。

②漂白粉　浓度 10~20 毫克/千克,浸洗 10 分钟左右。

③青霉素　8 万单位/50 升,水浸泡 5~10 分钟。

(6)出池分选

出池前 1 天停止投喂。选用 12 目光滑细密围网和网箱进行围捕和分选,在晴天上午 9 时开网和分选,忌在烈日下进行操作。分选采用竹筛进行,分不同规格进行分塘放养。

3. 成鱼养殖

(1)施基肥

池塘注水后,每亩施有机畜禽粪肥 250 千克培育水质,有机畜禽粪肥要经过发酵腐熟,并用 1%~2% 石灰消毒,7 天后放种。

(2)放养密度

采用高密度饲养。每亩放罗非鱼鱼种 800~1500 尾,一次放足,同

17

时,每亩放养 100 克左右的鲢鱼 35 尾、鳙鱼 40 尾,20 克的乌鳢 15 尾。

(3)饲养管理

①饲喂　全价配合硬颗粒饲料投喂,饲料蛋白含量不低于 28%。硬颗粒配合饲料的加工质量标准:硬颗粒饲料颗粒直径为鱼体有效口径的 20%,直径与长度的比例为 1:1.5~2.0;饲料要求不变质、物理性状良好、营养成分稳定;饲料加工均匀度、饲料原料的粒度符合水产饲料加工的质量要求;硬颗粒饲料具良好的稳定性和适口性。罗非鱼喜食偏软的饲料。

②投喂量　根据天气、水温、溶氧及水质状况定时、定量投喂。日投喂两次,上午 8~9 时,下午 5~6 时,投喂颗粒饲料,人工投饲应在池塘中设定点投饲,日投喂量按当日存塘量×日成长率(参考值 1.2%)×饲料系数(取经验值 1.7)定量。

③投喂方式　投饵机投喂比手工投喂可以节约 6%~8% 的饲料,且鱼体摄食均匀、鱼体个体大小均匀。因此,建议用投饵机投喂硬颗粒饲料,每个池塘配备 1 台投饵机。

(4)水质管理

水质管理是池塘养殖获得高产,实施健康养殖的技术关键之一。水质调控主要有以下调节措施。

①水质保持肥、活、嫩、爽。通过施肥、排注水控制、使用生石灰等措施调节水质使池水透明度在 25~35 厘米。

②pH 值保持在 7.0~8.0。水质调节可使用生石灰、有机肥、氯制剂等。使用生石灰控制池水的酸碱度。每月每亩泼洒生石灰水溶液 1 次,每次一般每亩每米 7.5~15.0 千克。

③溶解氧最低保持在 3 毫克/升以上。主要技术措施有:通过培肥水质,控制池水适宜肥度,利用生物增氧;经常注入新水补充池水溶氧;防止水质过肥、清除淤泥等以便减少耗氧因子对溶解氧的消耗。

④增氧机配备　按每亩 0.3 千瓦标准,配备叶轮式增氧机。一般情况下,每日开机 2 次,即中午 12~14 时,清晨 2~4 时。

⑤防止出现"老水"和"转水"现象发生。主要措施:一是及时加注新水或开增氧机增氧,防止水质恶化;二是泼洒生石灰,亩用量为 25

千克,化浆泼洒;加注新水至原水位,老水调节可以使用硫酸铜先处理2~3天后再用生石灰进行调节的方法。

(5)养成出池

鱼个体长到尾重250克以上即可作为商品鱼出池销售。出售前一天停止投喂。捕捞出售时,出售多少,围捕多少,避免围捕过多损伤鱼体。

4. 鱼病防治

罗非鱼在池水低温环境条件下易患寄生虫或细菌性烂鳃病、溃疡及冻伤病。防止水温激烈变动,口服抗菌素预防;高温池水养殖会有腹水病(腹胀病)、红鳍脱鳞病。生石灰15毫克/千克泼洒,口服抗生素预防治疗。

(七)乌鳢池塘养殖技术

乌鳢属鳢形目、鳢科,俗称黑鱼、生鱼、财鱼等,是鳢科鱼类中个体大、生长快、经济价值高的淡水名贵经济鱼类。乌鳢有"鱼中珍品"之称,其肉味鲜美、营养全面,具有很高的药用滋补营养价值。因此,乌鳢历来深受东南亚各国和港、澳市场的欢迎,是我国外贸出口的重要水产品之一。

1. 乌鳢的生物学特性

乌鳢身体呈长筒状,头尖长似蛇形,尾圆而扁平。鳃上腔有发达的鳃上器官,可直接进行气体交换,故乌鳢离水2~3天只要保持鳃和身体湿润也不会死亡,便于运输。乌鳢体被圆鳞,头、背部呈暗黑色,腹部灰白,体侧有2列大型不规则黑斑。

乌鳢喜欢生活在江河、湖泊、水库、沟壑及低洼沼泽的静水水草区。乌鳢对水质、水温和其他外界环境变化的适应性特别强,其生存水温为0~41℃,最适宜水温为26~28℃。乌鳢耐低氧,缺氧时借助鳃上器官,直接呼吸空气中的氧气。乌鳢善跳易逃,因此养殖乌鳢要注意防逃工作。

乌鳢为典型的凶猛肉食性鱼类,主要以小鱼、虾、蛙和蝌蚪、水生昆虫及其他水生动物为食。乌鳢有自相残杀的习性,因此,养殖乌鳢要注意放养规格一致,尤其是苗种培育阶段,应根据规格大小实行多级分养。

乌鳢的性成熟年龄为 2~3 龄,其产卵季节一般为 5~8 月,以 6 月份产卵最盛,其卵为 1 次成熟,分批产出。产卵方式是营造巢类型。

2. 乌鳢的苗种繁殖

(1)乌鳢亲鱼的选择与培育

①亲鱼的选择　选留亲鱼的主要标准是:体质健壮,无病无伤,体重 750 克以上,2 冬龄,达性成熟,雌雄比为 1:1。

②亲鱼的培育　培育池面积一般为 1~5 亩,水深 1.2~1.5 米,土质池底,放养前用生石灰清塘消毒。

亲鱼放养:亲鱼数量多,可单养,每 100 平方米放 8~10 组,并适量搭养鲢、鳙鱼种,以调解水质。

饲料投喂:喂养乌鳢亲鱼的主要饲料为小鱼、小虾,投饵量为亲鱼体重的 5%~10%。投喂的小鱼、虾要求新鲜,大小适口。

饲养管理:主要是注意亲鱼产前产后培育,经常加注微流水,保持水质清新。

(2)人工催产

①产卵池和鱼巢的准备　乌鳢的产卵池以土池为好, 面积 1~3 亩,水深 1.2~1.5 米,催产前用生石灰彻底清塘消毒,消除野杂鱼、蛙卵等有害生物。乌鳢有筑巢习性,产卵池中可放些水草在水面,待亲鱼注射催产药物后放入产卵池。

②催产药物及方法　催产乌鳢的药物种类繁多,在生产实际应用中, 一般常用鲤鱼垂体 2 粒 +HCG1000~1500IU/千克或 DOM + HCG1000~1500IU/千克,雄鱼的药物剂量为雌鱼的 1/2。分两次注射,第 1 针注射量为药剂总量的 1/3~1/4, 以促进性腺的进一步成熟,15~20 小时以后注射第 2 针。注射的部位一般为胸鳍基部,体腔注射。

③亲鱼的配对与产卵　亲鱼注射催产药物后,按个体大小,雌、雄 1:1 配对放入产卵池,水温 20~25℃,效应时间 25~30 小时即可产卵。亲鱼发情产卵时,要保持安静。

(3)受精卵的孵化

亲鱼产卵后捞出,及时进行受精卵的孵化,乌鳢受精卵人工孵化的方式多样,各地可根据实际情况,灵活运用。

①产卵池孵化 即亲鱼产卵后,只将亲鱼捞出,受精卵继续留在产卵池孵化,这种方法省时、省力、成本低,受精卵不受损伤,孵化率高,适合各家各户生产。要注意的是孵化池保持微流水状态,不断更换新水;注意防止其他鱼、蛙等入池。

②孵化环道孵化 将鱼巢连同受精卵一起移入孵化环道集中孵化,每立方米水体放受精卵2万~3万粒,以微流水循环,注意经常洗刷纱窗防止漫水。这种孵化方法的好处是受精卵集中,便于管理,适合于大型孵化场采用。

3. 乌鳢的食性驯化和苗种培育

乌鳢的食性驯化和苗种培育是人工养殖乌鳢中的技术难关。苗种发花成活率最高不过50%~60%,一般为20%~30%,甚至更低。因此,提高乌鳢苗种培育成活率,降低生产成本,是目前乌鳢养殖中急需解决的技术难关。

(1)仔鱼的驯养

刚孵化的仔鱼,体质弱,活动能力差,浮于水面或侧卧于水草等附着物上,以自身卵黄为营养来源。随着卵黄囊逐渐被吸收缩小,幼体发育不断完善,其活动能力增强,可自由游动,并开始主动摄食,行混合性营养。此时是乌鳢苗种死亡的高峰期,务必精心驯养。其驯养方法如下:

①适时喂食 当卵黄囊消失,鱼苗开口从外界摄食时,用浮游生物网捞取浮游生物,并经30~40目筛绢过滤,以其滤液均匀泼洒在孵化池内,若食料仍不能满足其需要时,则可投喂熟蛋黄,每万尾鱼苗用熟蛋黄1~2个,以30~40目筛绢过滤,滤液均匀泼洒在孵化池四周,让鱼吃饱吃好。

②保持水质清新 鱼苗脱膜后,大量的卵膜和油状物漂浮在水体中或沉入水底,故应经常保持一定的微流水,以增加水体溶氧,排除卵膜及油状物。

③注意病害防治　乌鳢鱼苗期最易患水霉病,一般以 0.1~0.2 克/米^3 的孔雀石绿水消毒。鱼苗经 8~10 天的驯养,体长可达 10~15 毫米,体色转黄。随着鱼苗个体增大,密度增加,对饵料、溶氧等的需求量也随之增加。此时,应及时分池转入苗种培育。

(2)鱼种培育

①鱼苗池要求　乌鳢苗种培育池以土池为好,面积一般为 3~5 亩,以便驯食、操作和管理。池塘常规消毒,肥水下塘。

②鱼苗放养　鱼苗投放前先试水。投放的鱼苗应为同 1 批次孵出的苗,放养时的水温差不能超过 2℃,放养密度视饵料、养殖技术和培育规格而定,一般放养密度为 60~80 尾/米^3。以后视鱼苗生长情况和培育时间逐步过筛分稀。也有的 1 次放足 40~50 尾/米^3,直接培育成大规格鱼种。

③饲料投喂　驯养后的仔鱼,下池时,以浮游生物为食,随着鱼苗长大,摄食量增大,而池中的浮游动物逐渐减少。这时,一方面通过继续施肥培育浮游生物,另一方面可增喂豆浆。经 15~20 天培育,当鱼苗达 3cm 以上时,摄食量增大,单靠浮游动物已不能满足其生长需要,这时,可投喂鱼糜于食台上驯食。

4. 乌鳢成鱼养殖

(1)池塘主养

①池塘选择与准备　池塘以 5~10 亩为宜,水深 1.5~2.0 米,塘堤高出水面 40~50 厘米,池底淤泥尽可能少。水源水量充足、水质清新,池水溶氧量 5 毫克/升以上,pH7~8,透明度 30 厘米以上。池塘的消毒方法与鲤鱼养殖的要求相同。同时在塘四周种植一些水草或水浮莲等,水草面积不能超过池塘面积的 1/2。

②鱼种的放养时间与规格　放养时间以水温稳定在 15℃以上为宜。鱼种应选择规格一致、体表光洁、肌肉丰满、无伤无病、游动活泼、争食凶猛的鱼种,且放养规格一般在 100 克/尾以上。

③鱼种的放养数量与搭配比例　乌鳢对溶氧的要求较低,而且具有辅助呼吸器官,可直接从空气中获得氧气,适宜高密度饲养。一般放

养密度在 2000 尾/亩左右，同时可搭配花白鲢 200~300 尾/亩，鲫鱼 300 尾/亩左右。

④饲料投喂　饲料选用未变质的冰、鲜小杂鱼。日投饲量为鱼体总重量的 3%~10%，应根据情况灵活掌握，一般以大部分鱼吃饱游走为限。每天上、下午各投喂 1 次。上午 8~9 时，下午 5~6 时。

⑤日常管理

水质管理：乌鳢喜欢水质清瘦而且有一定水草的环境，养殖过程中水易变肥，透明度降低，水中氨氮、亚硝酸盐含量急剧增加，从而影响乌鳢摄食。适时换水，增加水体透明度，保持水质清新是乌鳢养殖中的关键。

防止逃鱼：乌鳢具有较强的溯水能力和过道习性，所以做好防逃管理也是日常管理的重要工作。

（2）成鱼池套养

在主养草、鲤成鱼的池塘中套养少量乌鳢鱼种，以吞食与主养鱼争食、争氧和争水体的小型野杂鱼，充分利用水体，减少饲料损耗，增加主养鱼产量，提高池塘养殖经济效益。池塘中套养的乌鳢鱼种规格应明显小于主养鱼，一般为 50 克/尾左右。每亩可套养乌鳢鱼种 30~50 尾。乌鳢鱼种应在主养鱼种放养后 20~30 天再投放，此时主养鱼种规格也应较大。在养殖过程中不另投喂饲料，以池中野杂鱼为食。

5. 乌鳢的疾病防治

（1）水霉病

因鱼体受伤，体质虚弱感染水霉或绵霉所致。发病初期，鱼体表局部灰白色，严重时，体表似被棉絮状，病灶处充血或溃烂，鱼体离群独游，体质消瘦，如不及时治疗，最后因衰竭而死亡。

防治方法：拉网操作和运输时，尽量避免鱼体受伤，鱼种受伤须用 0.5~1.0 克/米^3 孔雀石绿或 3%~4% 食盐水浸洗消毒。放养鱼种规格大小基本一致，并保证饵料充足。

（2）腐皮病

鱼体因受伤感染嗜水气单胞菌而发病。发病部位不定，病灶溃烂、红肿或脓肿,严重时出现断尾,口腔、头部溃烂,不久即死亡。

当水温达 20~25℃时,是腐皮病的发病高峰期,各种规格的乌鳢均可发病。

防治方法:定期用 1 克/米³漂白粉或 0.3 克/米³强氯精全池泼洒预防;发病初期每 10 千克鱼用呋喃唑酮拌药饵投喂,每个疗程 5~7 天。

(3)腹水病

因池水恶化,聂氏枸橼酸杆菌大量滋生,鱼体感染发病。症状为病鱼鳞片竖起,似"松果",眼球外突,皮下积水,肌肉水肿,腹部膨大,肛门红肿。此病主要发生在 7~8 月份的高温季节,发病急,3~4 天即可死亡。

防治方法:保持水质清新,投饵做到"四定"定时、定位、定质、定量。发现此病,及时投喂药饵。100 千克鱼用新诺明拌饵投喂,3 天 1 个疗程,2~3 个疗程即可治愈。

(4)细菌性烂鳃病

因感染革兰氏阴性杆菌而发生烂鳃。其症状为鱼体发黑,独游水面不怕人,鳃部黏液增多,鳃片红肿。此病多流行于 5~9 月,发病快,危害性大。

防治方法:用 1 克/米³漂白粉或 0.3 克/米³强氯精全池遍洒消毒杀菌,同时投喂药饵,每 100kg 鱼用呋喃唑酮 4 克拌饵投喂,1 个疗程 3~4 天。

(5)车轮虫病

病鱼体发黑,黏液大量增加,摄食量弱。镜检鳃部和体表可发现大量车轮虫。防治方法可用 0.8 毫克/千克硫酸铜全池泼洒,但不可添加硫酸亚铁。

(八)鳜鱼养殖技术

鳜鱼,又称桂鱼、桂花鱼、季花鱼、花鲫鱼等,在分类上属鲈形目,鱼旨科、鳜鱼属。它肉质丰厚坚实,洁白细嫩,味道鲜美,肌间刺少,营养丰富,蛋白质含量高,是驰名中外的淡水名贵鱼类之一,亦有"淡水石斑"之称。因此,鳜鱼在国内外市场销路好,售价高,出口很受欢迎。

鳜鱼种类主要有翘嘴鳜、大眼鳜、长体鳜、斑鳜、暗色鳜等。其中翘嘴鳜的个体和生长速度明显大于其他种类,其次是大眼鳜。所以当前进行人工养殖的品种主要是选择翘嘴鳜,也有的养殖大眼鳜。

1. 基本特性

鳜鱼体高侧扁,头后背部隆起。口大,吻尖,口裂略倾斜,下颌突出于上颌外。鳞片细小,侧线弯曲。体色棕黄,腹部灰白。自吻端通过眼部至背鳍前部有一黑色条纹,体侧有许多不规则的斑块和斑点。

鳜鱼广泛分布于江河、湖泊和水库,为底层鱼类,生活适宜水温15~32℃,最适温度 18~25℃。鳜鱼是典型的凶猛肉食性鱼类,对饵料有较强的分辨能力,终生主要以活鱼虾为食,即使是刚开口的鱼苗,也要摄食其他鱼类的幼苗。长大后,除食活鱼外,还兼食虾类以及蝌蚪等。其摄食方式,在鱼苗阶段是主动追逐食物鱼;至大鱼种和成鱼阶段,为埋伏袭击式。鳜鱼生长较快,最大个体重可达 10 千克。市场上 0.5~1.0千克的鱼最畅销。

2. 苗种培育

鳜鱼苗的培育过程既可在苗种池中进行, 也可在网箱中培育,但都要精心管理。苗种培育池一般面积为 0.1~0.2 亩或更小, 水深 1.5米,水质清新,排注方便,池底淤泥要少。为了操作方便,更好管理,现在多数生产单位将苗种培育放在孵化环道或在池中放置网箱进行。网箱设置在微流水池中,在放养前要对放箱池和鱼体进行消毒。从鱼苗卵黄囊完全消失到鳍条出现,称为开口期,时间大约是 3 天。开口饵料鱼为脱膜 24~72 小时的团头鲂鱼苗或脱膜 24~60 小时的草鱼苗。一般鳜鱼催产后 1~2 天就开始对团头鲂或草鱼进行催产。开口饵料鱼密度为鳜鱼苗的 15 倍,使鳜鱼苗张口便可捕食。从开口到鱼体鳞片完全形成的阶段,即培育到 3.3 厘米,可作为鱼种出售或转入成鱼池饲养,时间约需 12~18 天。在这个阶段,保证充足而适口的饵料鱼苗供给,经常进行消毒防病防寄生虫工作,是提高成活率的主要措施。在这阶段,危害最大的病害是水霉病和斜管虫、车轮虫及小瓜虫,这些病害在水温20~30℃时会大量繁殖并感染鱼苗,常会导致鱼苗大量死亡,所以特别

25

要注意防病治病。预防的方法,投放的饵料鱼必须消毒,常用 3%食盐水浸洗 10~20 分钟;转环道或转箱时鳜鱼苗用浓度为 150~200 克/米³ 福尔马林溶液药浴 1~2 分钟。病害治疗方法,车轮虫和斜管虫病,可每天每立方水先用 0.7 克硫酸铜与硫酸亚铁合剂(5:2)泼洒 2~3 次,后用 0.2‰~0.3‰食盐水泼洒,或用 100 克福尔马林溶液浸洗 5~10 分钟。小瓜虫病,将病鱼用 2 克硝酸亚汞溶液浸洗 3~5 分钟,或每立方米 0.1 克浓度全池泼洒,或 40 克福尔马林泼洒。鲺病,用 0.2~0.5 克晶体敌百虫泼洒,或用 1.5 克高锰酸钾洗浴 5~10 分钟。当鱼苗达到 3.3 厘米以上,鳞片基本长出后,病害逐渐减少。此时的形态已类似成鱼,主动摄食的能力增强。

由于鳜鱼苗开食就以活鱼苗为饵料,不同生长阶段对活饵料的种类和大小有不同的要求,如果供食不及时、数量不能满足或不适口,鳜鱼就会自相残食而被咬死、卡死,或因饥饿而死。因此必须根据鳜鱼苗的开食时间和生长速度,有计划地生产供应各种不同规格的活饵料鱼,做到时间配合、数量满足、规格配套、品种符合要求,才能保证育苗成功。

如果鳜鱼种还需要养大些,可在 3.3 厘米规格基础上再进行分疏培育。既能在网箱内分疏继续饲养,也可利用水泥池或小土池培育。流水池放养密度为每立方米水体 200~500 尾,静水池放养密度为每立方米水体 100 尾,以投喂活鱼苗或野杂小鱼虾为饵料。

3. 成鱼饲养

鳜鱼成鱼的养殖方式常有池塘单养、池塘混养和网箱养殖,也有的地方在中小型湖泊中放养。单养适宜在鱼池中天然饵料丰富和有动物性饵料来源的地方进行,混养则在一般的成鱼塘、鱼种塘、亲鱼池均可进行,在湖泊、水库则利用网箱养殖。将当年繁殖和培育的鳜鱼种养成 400~500 克的商品鱼,时间大约需要 180 天,快的 140~150 天。下面介绍养成鱼的几种主要方法。

(1)池塘单养

单养鱼池面积 1~10 亩均可,水深 2 米左右,底质最好是沙质壤土,腐殖质较少,水宜清瘦,如有微流水更好。放养密度随饵料条件而定,一般每亩放养体长 3~4 厘米鳜鱼种 500~800 尾。饵料是养鳜鱼的关键,根据生产实践经验,在鳜鱼池塘中可混养一些繁殖快的鱼类,作为活饵料,饵料鱼大致有下列几种:

罗非鱼:每亩放养 200~400 对罗非鱼亲鱼,使其繁殖的幼鱼供鳜鱼食用,也可在池中用网隔成两半,一边养鳜鱼,一边养罗非鱼亲鱼,使繁殖的罗非鱼幼鱼穿过网片成为鳜鱼食饵。

鲫鱼:一般亩放 2 龄鲫鱼 600 尾,约 100 千克。由于鲫鱼繁殖力强,产卵期长,所以是较理想的活饵料鱼。

也可以专门配备培育饵料鱼的池塘。按养成 500 克鳜成鱼,需要消耗 2.5~3.0 千克饵料鱼的比例配套生产,养 1 亩鳜鱼,需要配套养殖 4 亩饵料鱼。饵料鱼的培育可采用高密度生产,才能保证饵料鱼在数量上满足要求,规格上达到同步。

在管理上,要保持良好的水质,由于鳜鱼对水质要求较高:一是水体溶氧量,要求在 3 毫克/升以上,降至 2.3 毫克/升时会出现滞食,1.5 毫克/升时开始浮头,1 毫克/升时窒息。因此要注意经常换水,保持水质清新,最好安装增氧机,防止缺氧浮头。二是水体透明度,要求在 40 厘米以上。三是水质酸碱度,鳜鱼对酸性水特别敏感,当 pH5.6 时,鳜鱼无法忍受,最好每隔一段时间施放一些生石灰,以调节 pH 值、提高碱度,还能预防鱼病。所以单养鳜鱼加强日常管理非常重要。

(2)池塘混养

成鱼塘混养:即将鳜鱼种混养到野杂鱼较多的家鱼成鱼池塘内,亩放 40~50 尾,以野杂鱼为鳜鱼的饵料。混养塘水质不宜过肥,最好不要与过多的鲢、鳙等肥水鱼混养。在施药防治家鱼病害时,要准确掌握用药浓度,因鳜鱼对药物的反应很敏感,稍有不慎会引起鳜鱼的死亡。还要特别注意鳜鱼的规格应比池塘中主养鱼类小,这样就不会因鳜鱼个体生长超过主养鱼而造成危害。

(3)网箱养殖

凡是适宜网箱养殖鲢鳙等鱼类的水域都可以用于网箱养鳜鱼。网箱一般放置在有微流水或水质较好的水域,其养殖方式有套养和单养两种。

套养是一次性放齐饵料鱼种和鳜鱼种，在养殖的全过程中随着鳜鱼鱼体重的增长，以浮游生物为食的饵料鱼种的规格同时不断增大，使套养的鳜鱼种始终有充足的、适口的饵料，达到在较短的时间内，由水体中的低级浮游生物转化成名贵商品鱼。鳜鱼在箱体内可以不受干扰地进食，排泄物可以顺利地排出箱外，箱体水质能始终保持清新流畅。

单养是把鳜鱼种单独放入网箱内，按其摄食和生长情况，定期投放适口的饵料鱼种。当剩余的饵料鱼种存量低于初放重量 1/3 时，应立即进行补充。每次投放的数量，随鳜鱼体重而增加，一般控制为现存鳜鱼总体重的 3~4 倍，否则会给鳜鱼的摄食带来影响。饵料鱼的种类常用花鲢或鲤鱼，其规格以鳜鱼体长的 60% 作为投喂标准，其利用率较高。

网箱的网目要充分考虑到饵料鱼不逃逸为标准，但网目过小易造成水质恶化，为此应进行分级饲养。一级饲养的网目大小应控制在 1厘米左右，待鳜鱼长至 100 克以上就转入二级饲养，其网目应控制在 2厘米左右。鳜鱼种进箱规格为 8~10 厘米，放养密度单养一般每平方米放 20~25 尾；套养为每平方米 6~8 尾，同时放入套养网箱的饵料鱼种。饵料鱼种的重量和鳜鱼重量之比为 6:1~8:1。

(九) 罗氏沼虾养殖技术

罗氏沼虾又称马来西亚大虾，是一种淡水长臂大虾，原产东南亚地区的热带和亚热带国家，生活在各种类型的淡水或咸淡水水域中。罗氏沼虾具有生长快、个体大、食性广、易驯养、养殖周期短、适应性和抗病力强，对饵料要求不高等特点，是一种经济效益较高的养殖品种。

1. 生态习性

(1) 栖息习性

罗氏沼虾幼体发育阶段，必须生活在具有一定盐度的咸淡水中，在纯淡水中不久就会死亡。幼体变态为幼虾后，直到成虾、亲虾，均生活在淡水中，并行底栖生活。罗氏沼虾对水温和溶氧极为敏感。其生存水温为 15~35℃，生长适宜水温为 25~30℃。

（2）食性

罗氏沼虾属杂食性甲壳动物。刚孵出的蚤状幼体,第1次蜕壳后即开始摄食小型浮游动物。经4~5次蜕壳,即可摄食煮熟的鱼肉碎片、鱼卵、蛋黄等细小适口的动物性饵料,直到变态成幼虾。从幼虾开始,其食性变为杂食。水生昆虫幼体、小型甲壳类、水生蠕虫、动物尸体及有机碎屑、幼嫩植物碎片等都是其可口食物。罗氏沼虾在饥饿时会出现相互残食现象。

（3）蜕壳

蜕壳是罗氏沼虾重要的习性(在幼体阶段称蜕皮),与幼体发育、幼虾和成虾生长,以及亲虾产卵繁殖都有直接关系。罗氏沼虾蜕壳与水温有密切关系。水温在20℃以上时,全年都可蜕壳生长,一旦水温降到20℃以下,其蜕壳中止,生长也就停滞了。当水温回升到20℃以上,其蜕壳和生长又会正常进行。罗氏沼虾雌虾在抱卵孵化期间,不蜕壳也不生长。罗氏沼虾在蜕壳期间,容易遭受敌害和同类残食,造成很大伤亡,人工养虾时应投食充足,并采取相应保护措施,以提高成活率。

2. 幼虾培育

幼虾培育的目的是为成虾养殖提供大规格虾种,提高成虾养殖的成活率和产量。

（1）幼虾培育池的选择

常用的幼虾培育池有3种。一是室外水泥池。这类水泥池面积可以由几十平方米至100平方米,水深70~80厘米。要求水源充足,进排水方便,池底排水端设收虾槽。二是室内小水体培育池。这一类培育池是利用罗氏沼虾幼体培育池进行高密度强化培育。三是池塘网箱培育。在养虾池塘中架设网箱进行较高密度的强化培育。

（2）培育池的清整消毒

放养前,要对幼虾培育池进行清洗和药物消毒,然后注入新水。网箱培育的池塘要事先进行清塘消毒,然后架设网箱。

（3）虾苗放养密度

室外水泥池每立方米放养淡化虾苗4000尾左右,若有微流水和增氧设施,可适当增加密度;用室内幼体培育池强化培育,每立方米水体放养淡化虾苗 5000 尾;池塘内网箱培育,每立方米水体放养淡化虾苗 3000 尾左右。

(4)饲养管理

投饵:黄豆粉、花生麸、豆渣、麦麸、鱼粉、鱼肉、蛋品等均是幼虾的适口饵料,可单独投喂,也可混合投喂,而以制成小型配合颗粒饵料为好。日喂量可按幼虾体重的 15%~20% 计算,每天投饵 3 次,其中晚上投喂日饵量的一半,因为虾夜间摄食旺盛。投喂要沿池壁均匀投食,以适应虾的栖息习惯。

(5)幼虾池管理注意事项

①经常注意排、注水,必要时采取人工增氧,保持水质良好。

②经常清除残污,保持清洁,以防虾病。

③架设阴棚或种植水浮莲,以免烈日暴晒,利于幼虾生长栖息。

④池底设竹管、瓦管等供幼虾躲藏,减少因蜕壳而产生的残食。

⑤池塘内网箱培育,要经常洗刷网箱,保持良好水体交换,必要时,设置增氧机增氧,并做好防逃工作。

3. 成虾养殖

当幼虾达到 2~3 厘米,虾塘水温在 20℃ 以上时,即可将幼虾放养至成虾池养殖。

(1)成虾池条件

养虾池塘要求水源充足、水质清新、溶氧丰富。成虾池面积以 3~5 亩为宜,以利水质稳定。底质以泥沙底为好,塘底淤泥不超过 15 厘米,保水深度 1.5 米左右。虾的耗氧量比鱼大,窒息点比鱼高。成虾池应安装增氧机或保持微流水,以增加溶氧。进出水口应安装防逃设施。

(2)虾苗投放

虾苗的放养密度主要取决于池塘条件、饵肥供应、管理水平和产量指标四个方面。就目前一般情况看,幼虾养至成虾平均成活率为 40%,若计划亩产 100 千克,成虾出池规格 20 克/尾,投放 3 厘米幼虾每亩 8000~10000 尾,另外搭配规格为 50~100 克/尾鲢、鳙鱼 150~200

尾。若投放 0.7~0.8 厘米虾苗每亩放养 2 万~3 万尾,搭配鲢鳙鱼不能同期入池,需晚放半个月。

(3)投饵

罗氏沼虾对饵料选择性很强,在自然条件下以动物性饵料为主,如小鱼、小虾、蚯蚓等,因此在初期就要驯化其对人工配合料的吃食习惯。

人工配合料蛋白含量应不低于 30%~35%。日饵量为虾体重的 5%~7%,后期可降为 2%~3%。日投饵 2 次,上午 8 时投日总量的 1/3,晚上 5 时投日总量的 2/3,有条件的地方最好再投放一些动物性饲料,如螺蛳、河蚌等。

(4)水质管理

虾池水质在饲养前期应稍肥,后期适当偏淡,水色为黄绿色,透明度 30~35 厘米,pH7~8,放养时水深 70~80 厘米,每隔一星期提高水位 10 厘米。在遇到水质变差或天热、气压低时要多进水,并开动增氧机增氧,保证水中溶解氧在 3 毫克/升以上。在高温季节,晴天每天中午开增氧机 2 小时,减少水层温差,改善水质。

(5)种植隐蔽物

虾池四周种植水葫芦、空心菜等植物,种植面积占池塘面积的 20%~30%,可作为罗氏沼虾良好的栖息及蜕壳环境,减少相互间的残杀,可提高成活率和生长率。

(6)成虾捕捞

罗氏沼虾为热带、亚热带品种,对低温适应能力较差,水温 14℃ 以下难以生存。待水温降到 18℃ 以下时,罗氏沼虾活动减弱,摄食减少,生长缓慢,应抓紧捕捞。

(7)注意事项

在饲养过程中,一是严禁使用敌百虫;二是水温不得低于 15℃,最高不超过 35℃。

4. 疾病及其防治

中国淡水养虾历史不长,但虾病危害却十分严重。目前虾病主要有细菌性坏死病、脱壳困难病和体表寄生虫或寄生微生物病。

(1)细菌性坏死病

细菌性坏死病常见的有黑斑病和烂鳃病。病因是由于几丁质分解,细菌侵入后,受真菌感染所致。病症表现为摄食量下降,残食现象增加,肠道无食物。濒临死亡的虾呈淡蓝色,体表出现黑色斑点,鳃腐烂变黑。该病主要发生在虾的幼体期,死亡率极高,有时甚至达到100%。

防治方法:细菌性烂鳃病采用呋喃唑酮2~3毫克/升溶液浸浴,连续使用2~4次即可治愈。

(2)脱壳困难病

主要是不能顺利蜕壳或畸形而致死,病因尚不太清楚,可能是营养性病。可在虾饵中添加蜕壳素来预防。

(3)寄生微生物

寄生微生物是虾类常见致病因子,主要包括丝状或非丝状的细菌、藻类或原生动物。

防治方法:主要是采用抗菌素。寄生原生动物,如聚缩虫等用福尔马林20~30毫克/升溶液浸浴24小时后,换1次水,连续2~3次。

(十)福寿螺池塘饲养技术

福寿螺,又名苹果螺,素有"法国蜗牛"之美誉。原产于南美洲亚马逊河流域,是一种大型淡水食用螺。1982年被引入我国大陆进行试养和推广,现已基本遍及全国各地。福寿螺具有适应性强、生长速度快、易繁易养等特点,其肉色金黄、质脆味美、营养价值高,同时具有保健功能。

福寿螺对水质的要求不算高,pH值在7左右、溶氧在3毫克/升以上、总硬度在6~13德国度的淡水水域都可以进行养殖,其存活水温为0~38℃,最适生长繁殖水温为25~30℃。

福寿螺属于杂食性螺,但以植物性饲料为主。主食各种水生植物、陆生草类和瓜果蔬菜,如各种浮萍、水花生、水葫芦、青菜、青草、瓜皮、水果等。也食人工投喂的糠麸、饼粕类饲料及下脚料等,在食物缺乏的时候也摄食一些残渣剩饵和腐殖质及浮游动植物等。

一般的养鱼塘都可以进行福寿螺养殖。福寿螺可以单养,也可以进行鱼、螺混养。养殖食用福寿螺水深应保持在 50~100 厘米为宜,但塘埂要高出水面 30~40 厘米或在池塘四周增设防巡设施,防螺外逃。池塘饲养福寿螺面积以 1~2 亩为宜,水中需种植一些浮水植物,如水浮莲、水葫芦等,种植量以覆盖水面 1/3 为宜。水源以无污染的地下水为佳。禁止生活污水和工业废水流入池塘,否则,会大大降低福寿螺的肉味品质。

1. 螺种放养

选择个体均匀、规格一致、色泽光洁、无损伤、健康的螺种进行放养。一般单养福寿螺,规格在 3~5 克/只,每平方米放螺 50~100 只。鱼、螺混养可视放鱼密度决定放螺的密度。在合适的密度范围内,放螺数量对产量的影响不大,但对成螺出塘规格有决定性的影响,放养量越大,成螺出塘规格越小,反之,成螺出塘规格越大。

2. 饲料投喂

根据其食性投喂一定的青饲料,如芜萍、浮萍、苦草、轮叶黑藻及陆生嫩草和青菜等,同时投喂米糠、麸皮、豆饼、酒糟、豆腐渣等精饲料。一般先投喂青饲料,然后将精饲料撒于青饲料上。饲料日投喂总量占池中螺总体重的 10%~12%,青饲料投喂量占总投喂量的 80%,精饲料占 20% 左右。饲料投喂也要遵循"四定"和"四看"的原则。在饲养期间,一般每天投喂两次,由于福寿螺厌强光,白天活动较少,夜晚多在水面摄食,因此,投喂时间应为早上 5~6 点和傍晚 17~18 点,傍晚投饲量占全天的 2/3,早上投饲量占 1/3。7~9 月是福寿螺的摄食旺季,投饲量应占生长期内投饲量的 90%。

3. 防逃避害

池塘养殖福寿螺除塘埂要高出水面 30~40 厘米用以防逃外,还须在进水口建好拦螺设施,在池塘四周撒上石灰等碱性物质,形成碱性防逃地带,防止逃螺现象的发生。池塘养殖福寿螺一般没有疾病发生,但在集约化养殖中,由于放螺密度较高,也要做好防病工作,除在放螺前池塘用生石灰彻底清塘消毒外,还要在生长期内,每月使用"氯杀王"等消毒剂消毒 1 次,起到灭菌的目的。另外,由于福寿螺经常浮到水面活动觅食,因而易受鼠害,可用人工捕捉与药物灭鼠相结合的方法进行预防。

4. 水质调控

由于福寿螺喜欢清新的水质,因此在福寿螺的池塘养殖中,应定期注入清新的井水,以保证其正常生长。还要经常观察池水的变化,要采取换水或增氧的方法改良水质,注意换水时温差不应超过 3℃。

5. 成螺捕捞

福寿螺的生长较快,天然条件下,最大个体可达 200 克以上,人工饲养下的福寿螺最大个体还要大。一般个体规格在 30 克以上就可上市出售,由于个体间的生长有差异,因此,在饲养中要采取捕大留小的方法,根据当地消费习惯分批上市,以获得最大的经济回报。

6. 越冬技术

福寿螺在水温 12℃以下,活动能力明显下降,其活动下限水温为8℃,在此温度以下就进入冬眠状态,0℃以下易被冻死。因此,冬季在北方需要进行保种越冬,安全越冬应保持水温在 0℃以上,最好保持水温在 8~12℃之间,这样会达到最佳的越冬效率(既节约能源,又保持较高的成活率)。福寿螺越冬的方法很多,有塑料大棚越冬、温室越冬、温泉越冬、泉水越冬、井水越冬等。越冬期内,要经常测量水温,并根据水质状况适时加注井水,水温在 8℃以上时,每 3 天要投喂 1 次精饲料,投喂量视螺吃食情况而定。越冬期间也要加强防逃措施。

常见鱼病防治

(一)鱼病发生的主要原因

1. 病原、鱼体、池塘环境三者之间的关系

鱼类是终生生活在水中的水生动物,鱼类的摄食、呼吸、排泄、生长等一切生命活动均在水中进行,因此水环境对鱼类生存和生长的影响超过任何陆生动物。水中存在的病原体数量较陆地环境要多,水中的各种理化因子(如溶氧、温度、pH 值、无机三氮等)直接影响鱼类的存活、生长和疾病的发生。体质健康的鱼类对环境适应能力很强,对疾病也有较强的抵御能力。但在养殖池塘中,由于放养密度的提高(较自然水域增大几倍甚至几十倍),人工投饵量的增大,鱼类的排泄量对水体的污染程度增大,使得环境极易恶化,导致疾病的传染机会增大。当环境的恶化,病原体的侵害超过了鱼体的内在免疫能力时,就导致了鱼病的发生。

2. 鱼病发生的环境因素

(1)理化因素

①物理因素　主要为温度和透明度。一般随着温度升高,透明度降低,病原体的繁殖速度加快,鱼病发生率呈上升趋势,但个别喜低温种类的病原体除外,如水霉菌、小型点状极毛杆菌(竖鳞病病原)等。

②化学因素　水化学指标是水质好坏的主要标志,也是导致鱼病发生的最主要因素。在养殖池塘中主要为溶氧量、pH 值和氨态氮含量,在溶氧量充足(每升 4 毫克以上)、pH 值适宜(7.5~8.5)、氨态氮含量较低(每升 0.2 毫克以下)时,鱼病的发生率较低,反之鱼病的发生率

高。如在缺氧时鱼体极易感染烂鳃病,pH值小于7时极易感染各种细菌病,氨态氮高时极易发生暴发性出血病。

(2)生物因素

与鱼病发生率关系较大的为浮游生物和病原体生物。常将浮游植物含量过多或种类不好(如蓝藻、裸藻过多)作为水质老化的标志。这种水体鱼病的发生率较高。病原体生物含量较高时,鱼病的感染机会增加。同时中间寄主生物的数量高低,也直接影响相应疾病(如桡足类会传播绦虫病)传播速度。

(3)人为因素

在精养池塘,人为因素的加入大大加速了鱼病的发生,如放养密度过大、大量投喂人工饲料、机械性操作等,都使鱼病的发生率大幅度提高,所以精养池塘的鱼病发生率高,防病、治病工作也更为重要;

(4)池塘条件

主要指池塘大小和底质。一般较小的池塘温度和水质变化都较大,鱼病的发生率较大池塘为高。底质为草炭质的池塘pH值一般较小,有利于病原体的繁殖,鱼病的发生率较高。底泥厚的池塘,病原体含量高,有毒有害的化学指标一般也较高,因而也容易发生鱼病。

3. 发病鱼的体质因素

鱼的体质是鱼病发生的内在因素,是鱼病发生的根本原因,主要为品种和体质。一般杂交的品种较纯种抗病力强,当地品种较引进品种抗病力强。体质好的鱼类各种器官机能良好对疾病的免疫力、抵抗力都很强,鱼病的发生率较低。鱼类体质也与饲料的营养密切相关,当鱼类的饲料充足,营养平衡时,体质健壮,较少得病,反之鱼的体质较差,免疫力降低,对各种病原体的抵御能力下降,极易感染而发病。同时在营养不均衡时,又可直接导致各种营养性疾病的发生,如瘦脊病、塌鳃病、脂肪肝等。

(二)鱼病的检查和诊断

1. 现场调查

(1)了解鱼出现的各种异常现象

鱼生病后,不仅在病鱼体表或体内出现各种病状,同时,在水中也会表现出各种异常现象。如全身发黑、离群独游;在气候等一切正常的情况下,鱼的摄食量突然急剧下降等。鱼病发生往往有急性型和慢性型。急性型鱼病,病鱼一般在体色、外观和体质上与正常鱼差别不大,仅病变部位稍有变化,但一经出现死亡,死亡率急剧上升。而慢性型鱼病,则往往体质消瘦、活动缓慢、体色发黑、离群独游,死亡率一般呈缓慢上升趋势。鱼类受到寄生虫侵袭时,往往出现焦躁不安。如鱼鲺侵袭,鱼的体色等变化不大,但鱼出现上跳下窜,阵性狂游。当鲢碘泡虫侵袭白鲢时,鱼的尾部上翘露出水面,在水中狂游乱窜打圈子。因农药或工业污水排放造成鱼类中毒时,鱼会出现跳跃和冲撞现象,一般在较短时间内就转入麻痹甚至死亡。由寄生虫引起的死亡,一般是缓慢的逐渐增加,除集约化养殖发现指环虫、三代虫的侵袭在短期内造成大批死亡外,池塘养鱼死亡率一般不会太大;可是若遇鱼类中毒,则往往在极短的时间内,出现大批鱼类死亡,而且不分品种,四大家鱼、野杂鱼、泥鳅都毫不例外地死亡。因此,及时到现场观察鱼的活动情况对于鱼病的及时诊断和处理具有至关重要的意义。

(2)了解水质和环境情况

水温与鱼病的流行有密切的关系,各种病原体都有其繁育生长的最佳温度范围。很多致病菌和病毒在平均水温25℃左右时,毒力显著增强,水温降到20℃以下时,则毒力减弱,使病情减弱或停止。斜管虫适宜在水温12~18℃时大量繁殖。小瓜虫生长和繁殖的水温,一般在15~25℃,当水温低于10℃以下或高于26℃时,则停止发育。观察水的颜色,对水质情况也可作大致了解。水中腐殖质多时,水呈褐色;水中含钙质多时,呈现天蓝色;微囊藻大量繁殖时,水呈铜绿色;城市排出的生活污水,一般呈黑色;当被污染水源污染时,因污水种类和性质不同而出现不同的颜色,如红、黑、灰白色等,透明度也会随之大大降低。

水中的溶解氧、硫化氢、pH 值、氯化物、硫化物等与鱼病流行的关系极为密切。有的鱼池数年不清塘,有的网箱长年摆设于一个地方,鱼的粪便和残饵大量沉积,当水底溶氧量减少时,嫌气微生物发酵分解产生硫化氢,不仅容易使鱼类中毒,而且更加剧了溶氧的缺乏,造成鱼类浮头或窒息死亡。目前网箱养鱼在寒冷的冬季常发生大批死鱼,多数是因水温高于气温,底层水温高于表层水温,养殖区域存水上下对流,造成缺氧所至。有机质多而水质发臭的水,一般都适宜鳃霉的大量繁殖,引起鳃霉病的流行。酸性水常引起嗜酸性卵甲藻病的暴发。氯化物和硬度高,则会促使小三毛金藻大量繁殖,造成鱼类中毒死亡。

了解周围的环境中是否存在污染源或流行病的传播源,鱼池周围的环境卫生,家畜、家禽、螺蚌及其敌害动物在渔场内的数量和活动情况等,特别对一些急剧的大量死鱼现象,尤其需要了解附近农田施药情况和附近厂矿排放污水情况,在工业污水和农药中,尤以酚、重金属盐类、氰化物、酸、碱、有机磷农药、有机氯和有机砷等对鱼类危害较大。一旦确诊为中毒死亡,应迅速了解施药的种类或污水中的主要致死化学成分,以便采取应急措施。

(3)了解饲养管理情况

对投饵、施肥、放养密度、放养品种和规格、各种生产操作记录以及历年发病情况等都应作详细了解。投喂酸败饲料和腐烂变质的饲料,容易引发鱼的瘦背病和死亡。放养密度过大,鱼摄食不足,体质差,对疾病的抵抗力弱,也容易引起疾病。施肥量过大,在池中直接沤肥,投饵量过多等,都容易引起水质恶化,形成缺氧,影响鱼的生长,同时给病原体和水蜈蚣等敌害生物创造了条件,引起鱼的大批死亡。水质过瘦,饵料生物缺乏,又容易引起跑马病;萎瘪病的发生。拉网等操作造成鱼体损伤、容易引起白皮病和肤霉病等。

2. 病鱼的检查

(1)鱼体的肉眼检查

鱼体的肉眼检查,简称目检。在实际生产中,目检是检查鱼病的主要方法之一。目检可以观察到病原体侵袭机体后机体表现出的各种症状,对于某些症状表现明显的疾病,有经验的技术人员凭借经验即可作出初步诊断。另外,一些大型病原体如较大的寄生虫,肉眼也可观察到。

一般病毒性和细菌性鱼病,通常表现出充血、发炎、腐烂、脓肿、蛀鳍、竖鳞等。鱼类致病病毒和致病菌的确定,需要较为复杂的设备和具有专业技术的人员鉴定,同时,致病菌的培养和鉴定也需要较长的时间,因此在生产实际中,通常是排除寄生虫类鱼病后,根据病鱼表现出的症状,大致确定为某种类型的鱼病。

寄生虫引起的鱼病,常表现出黏液过多、出血、羽点状或块状的孢囊等,根据寄生部位和所引起的症状不同,有的凭肉眼即可作出较为准确的诊断。对鱼体的检查,主要检查体表、鳃、内脏三部分。检查顺序和方法如下:

①体表 将病鱼置于白搪瓷盘中,按顺序从嘴、头部、鳃部、体表、鳍条仔细观察。寄生于体表的线虫、锚头鳋、鱼鲺、钩介幼虫、水霉等大型病原体,很容易被观察确定。但很多用肉眼看不出来的小型病原体,则主要根据表现出来的症状加以辨别,口丝虫、车轮虫、斜管虫、三代虫等引起的病状,一般会分泌大量黏液,有时微带污泥,或者是嘴、头以及鳍条末端腐烂,但鳍条基部一般不充血。疖疮病则表现为病变部位发炎、脓肿。白皮病病变部位发白,黏液少,用手摸有粗糙感。复口吸虫表现出眼球混浊,后期出现白内障。但有些病症,如鳍条基部充血和蛀鳍,则都是赤皮病、肠炎、烂鳃病以及其他一些细菌性鱼病的病症之一;大量的车轮虫、斜管虫、小瓜虫、指环虫等寄生虫寄生于鱼的体表或鳃上,同样都会刺激鱼体分泌较多的黏液。因此,除了根据病鱼症状,还应根据病原体的生活习性和条件、主要选择宿主等综合分析考虑。

②鳃 检查鳃部,重点是鳃丝。先看鳃盖是否张开,然后用剪刀小心把鳃盖剪掉,观察鳃片上鳃丝是否肿大或腐烂,鳃的颜色是否正常,黏液是否增多等。如果是细菌性烂鳃病,则鳃丝末端腐烂,严重的病鱼鳃盖内中间部分的内膜常腐蚀成一个不规则的圆形“小窗”;若是鳃霉病,则鳃片颜色发白,略带微红色小点;若是车轮虫、斜管虫、鳃隐鞭虫、指环虫、三代虫等寄生虫引起的鱼病,鳃片上则会有较多黏液;若

是中华鳋、双身虫、狭腹鳋、黏孢子虫孢囊等寄生虫,则常表现为鳃丝肿大,鳃盖胀开等症状;小瓜虫、孢子虫大量寄生时,肉眼即可见大量白点,因此常被称为"白点病"。

③内脏 检查内脏时,应先把一边的腹壁剪掉,剪腹壁时注意不损伤内脏。先观察是否有腹水或肉眼可见的较大型的寄生虫。其次是观察内脏的外表,如肝脏的颜色、胆囊是否肿大以及肠道是否正常,然后将靠近咽喉部位的前肠和靠近肛门部位的后肠剪断,取出内脏后,把肝、肠、鳔、胆等分开,再把肠分为前肠、中肠、后肠3段,轻轻去掉肠道中的食物和粪便,然后进行观察。绦虫、吸虫、线虫等比较大的寄生虫,很容易就能看到;如果是肠炎,则会发现肠壁发炎、充血;如果是球虫病和黏孢子虫病,则肠道中一般有较大型的瘤状物,切开瘤状物有乳白色浆液或者肠壁上有成片或稀散的小白点。

(2)鱼病的镜检

用显微镜、解剖镜对鱼病进行检查,简称镜检。镜检是在鱼病情况比较复杂,仅凭肉眼检查不能做出正确诊断而做的更进一步的检查工作。在一般情况下,鱼病往往错综复杂,很多病原体又小,除一些较明显、情况较简单,凭目检可以做出有把握的诊断外,一般都有必要进行镜检。检查时应注意的事项:

①要用活的病鱼或刚死的病鱼进行检查 由于鱼死亡后,寄生虫很快随之死去,寄生于鱼体的病原体又非常微小,死后往往很快改变形状或腐烂分解,因此时间稍长就很难确定其病原体。

②取样时要保持病鱼鱼体湿润 因鱼体干燥后,寄生在病鱼体表的寄生虫会同时干糙,甚至连病鱼的症状也会变得不明显或无法辨认。因此,应将病鱼装在带有原饲养水的桶或盆里拿出检查。

3. 检查方法

(1)载玻片法

适用于低倍镜或高倍显微镜检查。方法是取下一小块病灶组织或一小滴内含物,放在干净的载玻片上,滴入一小滴清水或盐水,盖上盖玻片,轻轻地压平,先在低倍显微镜下检查,分辨不清或可疑的可再用高倍镜检查。

(2)玻片压缩法

用两片厚度约为 3~4 毫米,大小约 6 厘米×12 厘米的玻片。先将要检查的组织或者是器官的一部分以及黏液等,放在其中一片玻片上,滴上适量的清水或盐水(注意体表部分或黏液用普通水,体内器官或组织用 0.56%的盐水),用另一片玻片将其压成透明的薄层,即可放到解剖镜或低倍显微镜下检查。

4. 检查重点

鱼的各个组织器官、血液都可能有病原体寄生,但在生产实践中,特别应该重点检查的部位是黏液、鳍条、鳃、肠胃、肝脏。

(1)黏液

在鱼的体表黏液中,除了肉眼可见的较大型的寄生虫和病症外,往往有许多肉眼看不见的病原体,如颤动隐鞭虫、口丝虫、车轮虫以及吸虫囊蚴等,黏孢子虫和小瓜虫的孢囊肉眼也不易区分。在检查时,先用解剖刀刮取鱼体表的黏液,然后按照镜检方法将黏液放到显微镜或解剖镜下观察。

(2)鳃

检查鳃,可先用剪刀剪取一小片鳃组织,放在载玻片上,滴入适量的清水,盖上盖玻片在显微镜下观察,然后刮取鳃片上的黏液或可疑物,同样按上述方法进行检查。鱼的鳃是特别容易被病原体侵袭寄生的部位,细菌或寄生虫性烂鳃、鳃霉、鳃隐鞭虫、黏孢子虫、微孢子虫、肤孢虫、车轮虫、斜管虫、小瓜虫、舌杯虫、毛管虫等原生动物,指环虫、三代虫、双身虫等单殖吸虫,复殖吸虫囊蚴,软体动物的幼虫以及鳋类等,在鳃上往往都会寄生。为了检查的准确性,每边的鳃至少要检查两片以上,取鳃组织时,最好从每一边鳃的第一片鳃片接近两端的位置剪取一小块,寄生虫大多在鳃小片的这两个位置上有寄生。

(3)肠胃

检查肠胃,首先应把肠道外壁上所有的脂肪组织尽量去除干净,不然在检查时,脂肪进入肠道内的检查物,不易进行观察。脂肪去除后,一般是先进行肉眼检查,观察肠道外型是否正常,若肠道外壁上有许多小白点,通常是黏孢子虫或微孢子虫的孢囊。肉眼检查完后,一般是将肠道分为前肠、中肠和后肠 3 段,分别进行检查。胃肠道也是最容易受细菌和寄生虫侵袭的地方。除了引起肠炎的细菌外,其他很多寄生虫如鞭毛虫、变形虫、黏孢子虫、微孢子虫、球虫等原生动物以及复殖吸虫、线虫、棘头虫、绦虫等都可经常发现,有时数量还相当大。复殖吸虫、绦虫、线虫和棘头虫,通常寄生在前肠(胃)或中肠;六鞭毛虫、变形虫、肠袋虫等,一般寄生在后肠近肛门 3~6 厘米的地方。

检查时除了注意发现较大型的寄生虫和在肠液中生活的寄生虫外,还应注意肠内壁上有无白色点状物或瘤状物,有无溃烂发红发紫的现象。如果有小白点,压破其孢囊,往往可以看到大量的黏孢子虫,有时也会是微孢子虫。青鱼肠里溃烂或有白色瘤状物,往往是球虫的大量寄生。如果发红发紫,则一般是细菌性肠炎。

(4)肝脏

检查肝脏,同样先用肉眼观察,注意肝脏的颜色与正常鱼有无明显变化,有无溃烂、病变、白色和肿瘤等。在肝的表面,有时可发现复殖吸虫的孢囊或虫体,有的则有粘孢子虫、微孢子虫或球虫形成的孢囊的小白点。将外表观察完后,从肝上取少许组织,放在载玻片上,盖上盖玻片,轻轻压平,先在低倍镜下观察,然后再用高倍镜观察,通常在病鱼肝脏上可发现粘孢子虫,粘孢子虫等的孢子或胞囊,有时还有吸虫的囊蚴。

5. 鱼病的诊断

在现场调查、目检、镜检的基础上,对鱼病的原因进行综合分析,往往才能作出最后的准确诊断。在判明鱼病的原因时,除了症状很明显的外,一般还应注意是由单一病因引起的还是由多种病因引起的,若是单纯感染,则病因明确;若是混合感染,则应根据病原体的种类、数量、部位等确定主要病因,只有找出了主要病因,有针对性地制定出有效的防治措施,对鱼病的治疗才会收到立竿见影的效果。

(三)鱼病的防治方法

1. 加强精养池塘的水质管理

水质好坏直接影响鱼类的健康与生长及饲料的利用率,因此充分认识池塘水环境的特性并加强科学管理,围绕着增氧和降氨氮这一核心问题做好水质调节工作非常必要。主要措施:①清除池塘底过多的淤泥;②定期泼洒生石灰(pH 值偏低时);③高温季节晴天的中午开动增氧机,减少底层氧债,改善池水溶氧状况;④水质过肥时用硫酸铜等药物适当杀死部分藻类,加注新水;⑤在高温季节、高产池塘,定期施入底质改良剂,改善水质;⑥利用光合作用改良水质。

2. 提高鱼体的抗病力

一要根据池塘条件和技术水平,制定合理的放养密度;二要根据天气、水质和鱼的生长活动情况,定时定量投喂,保证鱼吃饱吃好;三要选择配方科学、营养均衡的优质全价颗粒饲料投喂,避免鱼体发生营养性疾病;四要加强日常管理及细心操作,要勤巡塘;发现问题及时解决,做好池塘日记;五要选择抗病力强的优良品种饲养。

3. 控制和杀灭病原体

(1)苗种检疫　对购进苗种要检疫。

(2)清塘　对鱼塘要彻底清整消毒。

(3)鱼体消毒　春片鱼种入池时用药液浸泡鱼体,可有效杀灭鱼体表和鳃上的寄生虫和细菌。

(4)粪肥消毒　有机肥应消毒后再施。消毒可用生石灰、漂白粉、鱼康等药物。

(5)高温季节定期预防

①高温季节采取投料台挂袋或定期泼洒杀菌药可有效预防细菌性鱼病。采用此方法应注意以下问题:一是食场周围的药物浓度应达到有效治疗浓度,又不能影响鱼类摄食。二是食场周围的药物的一定浓度应保持 1 小时以上。三是必须连续挂袋或泼药 3~5 天;②高温季节,鱼生长旺季,定期投喂杀菌药饵,可有效地预防各种细菌性鱼病;

药饵量计算应把吃食鱼体重全部计算入内，投药饵量可比平时减少10%~20%，一般连续喂 3 天。

(四)给药方法

鱼池施药应根据鱼的病情、养鱼品种、饲养方式、施药目的(是治疗还是预防鱼病)来选择不同的用药方法。

1. 全池泼洒法

全池泼洒法是池塘防治鱼病的最常用方法,能在短时间内杀灭鱼体体表和鳃上及水体中的寄生虫、细菌和病毒等,见效快,使用方便。

①泼洒时间一般在上午 9 时至下午 2 时,对光敏感药物宜在傍晚进行泼洒。

②雨天和雷雨低气压时不宜泼药,鱼发生浮头在水面时不宜泼药。

③有风时应从上风处向下风处泼洒。

④对人畜有毒性的药物,如敌百虫应注意安全,一般须戴口罩和手套等防护用品。

⑤对于安全浓度低的药物,如硫酸铜,可采用一半剂量使用法,即第一天泼药量的 50%,第二天再泼 50%,同时注意现场观察。

2. 挂袋法

即在投饵台前 2~5 米呈半圆形区域悬挂药袋 4~6 个,内装药量以1 天之内溶解,不影响鱼前来吃食为原则,可用粗布缝制药袋或直接将小塑料袋包装的药品扎上小眼悬挂使用。

3. 浸洗法

此方法多在鱼种分池、转塘时使用。常用药物有食盐、福尔马林、高锰酸钾等。优点是作用强,疗效高,节省用药量。

4. 口服法

使用时将药物按饲料的一定比例加入粉料中混合制成颗粒药饵投喂,用于治疗鱼类的内脏病、出血病、竖鳞病等。常用药物有抗生素、磺胺药、呋喃药、维生素和微量元素添加剂等。口服药量根据鱼总体重计算用药量,以 3~6 天为一疗程,观察疗效,停药 1~3 天,视病情决定是否继续用药。

5. 注射法

多用于亲鱼的催产和消炎,一般采用胸腔、腹腔、背部肌肉注射。

6. 涂抹法

用于亲鱼的伤口消炎,常使用紫药水或碘酊。

(五)常用鱼药介绍

1. 外用杀菌剂

(1)漂白粉

主要成分为次氯酸钙、氯化钙和氢氧化钙的混合物,有效氯不得少于 25%;对细菌、真菌、病毒均有不同程度的杀灭作用。主要用于细菌性鱼病的防治。由于其水溶液含大量氢氧化钙,还可用于调节池水的 pH 值。漂白粉稳定性差,在遇光、热、潮湿和酸性环境下分解速度加快,因此漂白粉应使用新出厂的、密封严的。一般全池泼洒的浓度为 1 毫克/千克。

(2)二氯异氰尿酸钠

含有效氯 60%左右,性状稳定,较易溶于水,水溶液呈弱酸性,溶于水后产生次氯酸。具有杀菌、灭藻、除臭、净水等作用,可防治各种细菌性鱼病,一般用量为 0.3~0.6 毫克/千克。

(3)三氯异氰尿酸

国内商品名很多,如强氯精、强氯、高氯、氯杀宁、鱼康净、超菌净 A 型、农康宝 1 号等。含有效氯 85%。稳定性好,易保存,密封防潮的情况下可保存 3 年以上。溶解度较低(1%~2%),作用与二氯异氰相同,全池泼洒用量为 0.3~0.4 毫克/千克,清塘浓度为 5~10 毫克/千克,其杀菌力为漂白粉的 100 倍。

(4)二氧化氯制剂

本品为含二氧化氯 2%以上的无色、无味、无臭的稳定性液体,为广谱杀菌消毒剂、净水剂。它能使微生物蛋白质的氨基酸氧化分解,从而达到杀死细菌、病毒、藻类和原虫的目的。使用浓度为 0.5~2.0 毫克/

千克,使用前需与弱酸活化 3~5 分钟。强光下易分解,需在阴天或早晚光线较弱时用,不受水质、pH 值变化的影响,不污染水体,其杀菌力随温度下降而减弱。国内商品名有百毒清、百毒净、二氧化氯、亚氯酸钠等。多为固体包装,分 A、B 袋,分别溶解倒在一起活化 3~5 分钟后全池泼洒。

2. 外用杀虫药

驱杀甲壳类、吸虫、蠕虫引起的鱼病药物多为有机磷等农药,一般具有较大的毒性,而且污染水环境,因此应该尽量降低其使用浓度,减少使用次数。商品鱼上市前两周内应禁止使用。抗原虫药一般为重金属和染料类药物,如硫酸铜、孔雀石绿等,对鱼的毒性和对水体的影响也很大,因此需慎用。

(1)敌百虫

为有机磷药物,是一种低毒的神经毒性药物,外泼可治疗寄生于鱼体表和鳃上的甲壳类动物、吸虫等,并能杀灭水体中的浮游动物和水生昆虫;可用于越冬前杀灭耗氧生物。常用 90% 的敌百虫原粉,用量为 0.5~1.0 毫克/千克;与硫酸亚铁合用可增效,减少其使用量。经常使用易产生抗药性。

(2)强效灭虫精等

强效灭虫精、B 型灭虫精、杀虫净等商品鱼药,均为有机磷或菊酯类药物的单一或复配制剂,可杀灭鱼体外和水中的寄生虫,毒性较大,常用易产生抗药性,应采用不同的药物交替使用。

(3)硫酸铜

主要用于防治原虫引起的鱼病如车轮虫、鳃隐鞭虫、斜管虫、杯体虫等,还有灭藻、净水作用,是一种高效、价廉的药物。其缺点是药效与水温、水质关系大,安全范围较小,因此其使用浓度不易掌握。池塘泼洒常用量为 0.7 毫克/千克或 0.5 毫克/千克加硫酸亚铁 0.2 毫克/千克。一般肥水塘多用点,高温季节少用点,掌握不准可先少用,第二天再追加半量。

3. 内服杀菌药

(1)原料药类

价格较高,用量较少,常用的有土霉素、氯霉素、氟哌酸、环丙沙星、呋喃唑酮、新诺明等。原料药品的单价较高,用量较少,一般使用时先用载体稀释,再与粗原料混合,制成颗粒饲料或黏糊状饲料药饵使用。可用单一制剂或几种药物互配,也可与中草药复配使用,疗效好、副作用小,但长期使用易产生抗药性,不同药物应交替使用。

(2)商品药类

多为一种或几种原料药与载体、增效剂等的复配剂。商品内服药常用的有败血宁、克瘟灵、肠鳃灵、出血散等,用于治疗吃食性鱼类的出血病、肠炎病、竖鳞病、腹水病、腐皮病等多种细菌性鱼病。

(3)中草药类

有大黄、黄芩、黄连、大蒜素、穿心莲等。中药有药效长、标本兼治之功效,使用中药时要精心组方,注意其拮抗作用与协同作用。中药也可与西药原料药合理配合使用,疗效更好。

4. 内服杀虫药

(1)原料药类

主要有硫双二氯酚、阿苯达唑、吡喹酮等。用法是将药物与适量的饲料原料混合制成颗粒料,或拌食投喂,可驱杀寄生于鱼体内的绦虫等寄生虫。

(2)商品药类

常用的有鱼虫速灭Ⅰ、绦虫净、鱼用肠虫清等。

(六)常见鱼病的防治

1. 细菌性鱼病

(1)白皮病

[病原] 此病由白皮极毛杆菌引起的。

[病症] 开始发病时,尾鳍末端有些发白,随着病情的发展,迅速蔓延到鱼体后半部躯干,蔓延的部分出现白色,故又称白尾病。严重的

病鱼尾鳍烂掉或残缺不全,不久病鱼的头部朝下,尾部向上,在水中挣扎游动,不久即死去。

[流行情况]　此病传染性大,广泛流行于全国各养殖场的鱼种培育池,主要危害鲢、鳙鱼的夏花鱼种,夏花草鱼为次,流行季节以 6~7 月最盛。一般死亡率在 30% 左右,最高的死亡率可达 45% 以上。该病的病程较短,从发病到死亡只要 2~3 天时间,对鱼种生产威胁较大。

[防治方法]

①在牵捕、运输过程中操作要细致,避免鱼体受伤。

②鱼种放养前或发病初期,可用金霉素或土霉素水溶液浸泡鱼体半小时,药液浓度是每立方米水用金霉素 12.5 克或土霉素 25 克。

③发病严重的鱼池,每立方米水用漂白粉 1 克,全池遍洒。

④向病鱼池泼洒痢特灵,每立方米水用药 0.3~0.5 克。

(2)白头白嘴病

[病原]　此病由一种黏球菌引起的。菌体细长,粗细几乎一致,而长短不一。菌体柔软而易曲绕,无鞭毛,滑行运动。生长繁殖的最适温度为 25℃,pH6.0~8.5 之间都能生长。

[病症]　病鱼自吻端到眼前的一段皮肤呈乳白色。唇似肿胀,嘴张闭不灵活,因而造成呼吸困难。口圈周围的皮肤腐烂,稍有絮状物黏附其上,故在池边观察水面游动的病鱼,可清楚地看到"白头白嘴"的症状。病鱼体瘦发黑,反应迟钝,有气无力地浮动,常停留在下风处近岸边,不久就会出现大批死亡。

[流行情况]　白头白嘴病是夏花培育池中最常见的严重鱼病之一,草、青、鲢、鳙、鲤的鱼苗和夏花鱼种均能发病,尤其对夏花草鱼危害最大。鱼苗培养 20 天左右以后,若不及时分塘,就容易发生此病,发病快,来势猛,我国华中、华南地区最为流行。

[防治方法]

①用生石灰彻底清塘消毒,合理放养和及时分塘。

②用漂白粉(含 30% 有效氯)全池遍洒,每立方米水用药 1 克,每天 1 次,连续 2 天。

③或用生石灰全池遍洒,每亩水面用 15~20 千克。

（3）赤皮病

[病原]　此病由荧光极毛杆菌引起。菌体短杆状，两端圆形，菌体长为，0.70~0.75微米，菌体宽为0.40~0.45微米，单个或成对排列、有运动力，极端有1~3根鞭毛，无芽孢，菌体染色均匀，革兰氏阴性。此菌好气，适宜温度为25~30℃，在40℃的水温尚能生存。

[病症]　此病是草、青鱼种和成鱼阶段的主要鱼病之一。病鱼体表局部或大部分出血发炎，鳞片脱落，特别是鱼体两侧及腹部最明显，鳍的基部充血，鳍条末端腐烂似一把破扇子。有时病鱼的肠道也充血发炎。

[流行情况]　此病流行广泛，终年可见，常与烂鳃、肠炎病并发。每当鱼种放养、牵捕或搬运时；由于鱼体受伤，病菌乘机侵入感染而发病。在寒冬季节，鱼体皮肤也可能因冻伤而感染此病。

[防治方法]

①鱼池彻底清塘消毒，在牵捕、搬运、放养过程中，防止鱼体受伤；鱼种放养时，用漂白粉药液给鱼种浸洗半个小时左右，浓度是每立方米水用药5~10克。

②给病鱼投喂磺胺噻唑，其方法是每100千克鱼第1天用药10克，第2至第6天减半，用适量的面糊作黏合剂，拌入饵料中，做成药饵投喂。

③用漂白粉全池泼洒，每立方米水用漂白粉1克。

（4）疖疮病

[病原]　病原菌为疖疮型点状产气单孢杆菌。菌体短杆状，两端圆形，菌体长0.8~2.1微米，宽0.35~1.00微米，单个或两个相连，有运动力，极端单鞭毛，有荚膜，无芽孢，染色均匀，革兰氏阴性。

[病症]　患病初期鱼体背部皮肤及肌肉组织发炎，随着病情的发展，这些部位出现脓疮，手摸有浮肿的感觉，脓疮内部充满含血的浓汁和大量细菌，所以又名瘤痢病。鱼鳍基部往往充血，鳍条间组织破坏裂开，有时像把烂纸扇，病情严重的鱼肠道也往往充血发炎。

[流行情况]　此病在我国各养殖区都可发现，但发病数不多。主要危害青鱼。此病无明显的流行季节，一年四季都可出现。

[防治方法] 与赤皮病相同。对于患疖疮病的亲鱼,可在病灶部位抹浓的高锰酸钾或金霉素软膏消炎。

(5)打印病

[病原] 此病由点状产气单孢菌点状亚种引起。菌体短杆状,两端圆形,多数两个相连,少数单个,菌体长为 0.7~1.7 微米,宽 0.6~0.7 微米,有运动力,极端单鞭毛,无芽孢。染色均匀,革兰氏阴性。

[病症] 症灶主要发生在背鳍和腹鳍以后的躯干部分,其次是腹部两侧,少数发生在鱼体前部。发病部分先是出现圆形的红斑,好似在鱼体表皮上加盖的红色印章,随后表皮腐烂,中间部分鳞片脱落,腐烂表皮也崩溃脱落,并露出白色真皮,病灶部位周围的鳞片埋入已腐烂的表皮内,外周的鳞片疏松并充血发炎,形成鲜明的轮廓。在整个病程中后期形成锅底形,严重时甚至肌肉腐烂,露出骨骼和内脏,病鱼随即死去。

[流行情况] 主要危害鲢、鳙鱼、团头鲂、细鳞斜颌鲴等,在各个发育生长阶段中都可发病,尤其对鲢、鳙、团头鲂的亲鱼危害最大,发病严重的鱼池,其发病率可高达 80%以上。此病在夏、秋两季流行最盛。

[防治方法]

①在扦插、搬运和亲鱼催产时要注意操作,切勿使鱼体受伤;鱼池要用生石灰彻底清塘,并在放养时适当调整放养密度,经常加注新水,保持池内水质清新,可以预防或减轻病情。

②每立方米水用漂白粉 1 克,全池遍洒。

③亲鱼发病可选用金霉素、氯霉素注射,每千克鱼注射 5 毫克,或注射四环素,每千克鱼注射 2 毫克,进行肌肉或腹腔注射,同时采用高锰酸钾等杀菌药物涂于病灶处。

(6)竖鳞病

[病原] 此病是由水型点状极毛杆菌引起的。菌体短杆状,近圆形,单个排列,革兰氏阴性。此病菌经毒力感染试验,能产生与原有病鱼相似的症状。

[病症] 病鱼体表用手摸有粗糙感;鱼体后部部分鳞片向外张开像松球,鳞的基部水肿,以致鳞片竖起。用手指在鳞片上稍加压力,渗

出液就从鳞片基部喷射出来,鳞片也随之脱落,脱鳞处形成红色溃疡,并常伴有鳍基充血、皮肤轻微充血、眼球突出、腹部膨胀等症状。随着病情的发展,病鱼游动迟钝,呼吸困难,身体倒转,腹部向上,这样持续2~3天,即陆续死亡。

[流行情况]　此病主要危害鲤鱼。此病有两个流行季节:一是鲤鱼产卵期,二是鲤鱼越冬期。一般以鲤鱼产卵期为主要流行季节。亲鱼因此病死亡率最高的可达85%。此病的流行与鱼体受伤、池水污浊及鱼体抗病力降低有关。

[防治方法]

①鱼体受伤是此病的主要原因之一。因此,在牵捕、搬运、放养等操作过程中,应注意防止鱼体受伤。

②亲鲤产卵池在冬季要进行干池清整,并用生石灰或漂白粉消毒。

③用链霉素或氯霉素进行腹腔注射,每尾用药3~6毫克。

④每100千克水加捣烂的大蒜0.5千克,搅匀给病鱼浸洗数次。

⑤用2%食盐与3%小苏打混合液给病鱼浸洗10分钟,或3%食盐水浸洗病鱼10~15分钟。

(7)鲤白云病

[病原]　是由恶臭假单胞菌及荧光假单胞菌等革兰氏阴性短杆菌引起的。

[病症]　患病初期可见鱼体表有点状白色黏液物附着并逐渐蔓延扩大,严重时鳞片基部充血、竖起,鳞片脱落,体表及鳍充血,肝、肾充血,鱼靠近网箱溜边不吃食,游动缓慢,不久即死。

[流行情况]　流行于水温6~18℃,并稍有流水、水质清瘦、溶氧充足的网箱养鲤及流水越冬池中,当鱼体受伤后更易暴发流行。当水温上升到20℃以上,此病可不治而愈。养在同一网箱中的草、鲢、鳙、鲫鱼不感染发病。

[防治方法]

①每立方米水用漂白粉1克,全池遍洒。

②每50千克鱼,用磺胺噻唑5克拌饵喂鱼,每天1次,连续6天。

(8)细菌性烂鳃病

[病原] 由鱼害粘球菌引起。菌体细长,粗细基本一致,两端钝圆。一般稍弯曲,有时弯成圆形、半圆形、V形、Y形。较短的菌体通常是直的。菌体长短很不一致,大多长2~24微米,个别长37微米,宽0.8微米。菌体无鞭毛,通常作滑行运动或摇晃颤动。

[病症] 病鱼鳃丝腐烂带有污泥,鳃盖骨的内表皮往往充血,中间部分的表皮常腐蚀成一个圆形不规则的透明小窗(俗称开天窗)。在显微镜下观察,草鱼鳃瓣感染了黏细菌以后,引起的组织病变不是发炎和充血,而是病变区域的细胞组织呈现不同程度的腐烂、溃烂和"侵蚀性"出血。另外有人观察到鳃组织病理变化经过炎性水肿、细胞增生和坏死3个过程,分为慢性和急性两个类型。慢性型以增生为主,急性型由于病程短,炎性水肿迅速转入坏死,增生不严重或几乎不出现。

[流行情况] 细菌性烂鳃病主要危害当年草鱼种,每年的7~9月为流行盛期。1~2龄草鱼发病多在4~5月。

[防治方法]

①用生石灰彻底清塘消毒。

②用漂白粉在食场挂篓。在草架的每边挂密篓3~6只,将竹篓口露出水面约3厘米,篓装入100克漂白粉。第2天换药以前,将篓内的漂白粉渣洗净。连续挂3天。

③每100千克鱼,每天用鱼复康A型,拌饲料投喂,每天1次,连喂3~6天。

(9)肠炎病

[病原] 肠炎病又叫烂肠瘟、乌头瘟。病原体为点状产气单孢杆菌。细菌为短杆状,两端圆形,单个或几个相连,极端单鞭毛,有运动能力。

[病症] 病鱼行动缓慢,不吃食,腹部膨大,体色变黑,特别是头部显得更黑,有很多体腔液,肠壁充血,呈红褐色。肠内没有食物,只有许多淡黄色的黏液。如不及时治疗,病鱼会很快死去。

[流行情况] 此病是目前饲养鱼类中最严重的疾病之一。在草、青鱼中非常普遍,尤其是当年草鱼和一龄的草、青鱼最易得病。死亡率很高,一般可达50%左右。全国各养鱼地区都有发生。在一年中,此病

有两个明显的流行季节,5~6月主要是1~2龄草、青鱼的发病季节,8~9月主要是当年草鱼的发病季节,同时,该病往往与细菌性烂鳃病并发,流行地区十分广泛。

[防治方法]

①每立方米水用1克漂白粉全池洒遍。

②喂大蒜头:把大蒜头捣烂,制成每0.5千克含大蒜100克的药饵,每天投喂1次,连续投喂3天。

③喂磺胺胍:每50千克鱼第1天用药5克,第2~6天用药2.5克,制成药面投喂,每天喂1次,连续喂6天。

④每100千克鱼,每天用鱼复康A型250克拌饲料分上、下午2次投喂,连喂3天。

(10)鱼类暴发性出血病

[病原] 该病是由嗜水气单胞菌为主的多种细菌感染而引起的细菌性传染病。

[病症] 早期病鱼的上下颌、口腔、鳃盖、眼睛、鳍基和鱼体两侧轻度充血,进而严重充血,有的眼球突出,肛门红肿,腹腔积有淡黄色透明腹水,肠内没有食物而被黏液胀得很粗,鳔壁充血,有的鳞片竖起,肌肉充血,鳃丝末端腐烂。但也有症状不明显而突然死亡的,这是由于鱼的体质弱,感染病菌太多,毒力强所引起的超急性病例。病鱼表现为厌食、静止不动,继而发生阵发性乱窜,有的在池边摩擦,最后衰竭而死。

[流行情况] 初发于江浙一带养鱼老区,20世纪80年代以后才蔓延至全国各养鱼区。

[防治方法]

①在鱼种下池前要彻底清塘消毒。

②每亩水面用生石灰35~50千克兑水全池泼洒,并用"出血止"、"出血康"、"渔家乐-A"或呋喃唑酮等药物配成药饵投喂(药饵配法可见产品使用说明),连喂3~5天。

2. 病毒性鱼病

（1）痘疮病

［病原］ 痘疮病是一种病毒性传染病，病毒直径为 0.07~0.10 微米，通常由成群的球状病毒颗粒感染所致。

［病症］ 早期病鱼体表出现乳白色斑点，以后变厚、增大，形成表皮的"增生物"。色泽由乳白色逐渐转变为石蜡状，长到一定程度后自行脱落，但又会重新长出。当"增生物"数量不多时，对病鱼无多大危害。如蔓延到鱼体的大部分，就严重影响鱼的正常生长，使鱼消瘦，并影响亲鲤的性腺发育。

［流行情况］ 此病不常见，只有鲤鱼对这种病较为敏感，流行面不广，危害性不大。

［防治方法］

①将病鱼放到含氧量高的清水或流水中饲养一段时间，体表的"增生物"会逐渐脱落转愈。

②每立方米水体用 0.4~1.0 克红霉素全池泼洒，对治疗痘疮病有一定的效果。

（2）鲤水肿病

［病原］ 此病是由病毒和细菌双重感染而引起的。病毒初步诊断为鲤春病毒。细菌主要是点状产气单胞菌。病毒是原发性病原，细菌是继发性病原，不利的环境因素是催化剂。

［病症］

①急性型　患病初期的病鱼皮肤和内脏有明显的出血性发炎，皮肤红肿，身体的两侧和腹部由于充血发炎，出现不同形状和大小的浮肿红斑；鳍的基部发炎，鳍条间组织破坏，形成"蛀鳍"，肛门红肿外突，全身竖鳞，鳃苍白，全身浮肿；随着病情的发展，病鱼行动迟缓，离群独游，有侧游现象，有时静卧水底，呼吸困难，不食不动，最后尾鳍僵化，失去游动能力，不久死亡。急性型的病鱼一般 2~14 天即可死亡。

②慢性型　开始皮肤表层局部发炎出血，表皮糜烂，脱鳞，而后形成溃疡，肌肉坏死，邻近组织发炎，呈现红肿，有时局部竖鳞，鳍充血，

有自然痊愈的,也有因此而死亡的。慢性型发病过程长,可拖至 45~60 天或更长一些时间。死亡之前,常伴有全身水肿,腹腔积水,眼球突出,有的出现竖鳞。

[流行情况] 在中国大部分地区均有水肿病的发生,主要在危害 2~3 龄鲤鱼,在鲤鱼产卵孵化季节,最为流行。病鱼池的鲤鱼因该病死亡率可达 45%,最高达 85%,成鱼饲养池的鲤鱼,死亡率也可达 50% 以上。

[防治方法]

①严防鱼体受伤,受伤鱼不能用作亲鱼,更不要将受伤鱼和健康鱼一起混养。

②产卵池要挖除污泥,并用漂白粉或生石灰消毒。

③每立方米水体用氯霉素 50 克,浸洗病鱼 24 小时。

④对患病鲤鱼,每尾体重 150~400 克个体,注射土霉素 3 毫克。

⑤每千克饵料中加土霉素 1.8 克做成颗粒饵料,每 50 千克鱼每天投喂颗粒饵料 1.5 千克,连喂 8 天。

⑥用 1/20000 的高锰酸钾涂擦患处,以加速伤口愈合,减少细菌感染。

(3)病毒性出血病

[病原] 呼肠弧病毒。病毒的个体极小,呈颗粒状,须在电子显微镜下才能看清。这种病毒寄生在鱼体组织细胞中,具有很强的抗药性,所以难以用药物治疗。

[病症] 病鱼体色发暗,微带红色。病症主要有三种类型:"红肌肉"型,撕开病鱼的皮肤或对准阳光或灯光透视鱼体,可见皮下肌肉充血现象,有全身充血和点状充血;"红鳍红鳃盖"型,病鱼鳍基、鳃盖充血,常伴有口腔充血;"肠炎"型,病鱼肠道充血,常伴随松鳞、肌肉充血。由于该病的症状复杂,容易与其他细菌性鱼病混淆,所以诊断时务须仔细观察病鱼体外和体内肠道等器官,以免误诊。首先检查病鱼口腔、头部、鳍条基部有无充血现象,然后用镊子剥开皮肤观察肌肉是否有充血现象,最后解剖鱼体,观察肠道是否有充血症状。如果充血症状明显,或者有几种症状同时表现,可诊断为出血病。

[流行情况] 5~9 月主要危害草鱼,其中 5~7 月主要危害 2 龄草

鱼,8~9 月主要危害当年草鱼种。

[防治方法]

出血病的病毒可以通过水来传播,患病的鱼和死鱼不断释放出病毒,加上该病毒的抗药性强,就造成药物治疗的困难。目前比较有效的预防方法:

①注射灭活疫苗对草鱼进行腹腔注射免疫。当年鱼种注射时间是 6 月中下旬,当鱼种规格在 6.0~6.6 厘米时即可注射。每尾注射疫苗 0.2 毫升,冬龄鱼种每尾注射 1 毫升左右。经注射免疫后的鱼种,其免疫力可达 14 个月以上。同时还可用浸泡疫苗进行浸泡免疫。

②每 100 千克鱼用克列奥-鱼复康 50 克拌饲料投喂,1 天 1 次,连喂 3~5 天。在发病季节(7~9 月)还可每月用该药 2 个疗程,每个疗程连用 3 天,对预防出血病有效。

③在发病季节,每 667 平方米水面,水深 1 米,每次用 15 千克生石灰溶水全池泼洒,每隔 15~20 天泼洒 1 次,也有一定预防效果。

(4)鲤春病毒病

鲤春病毒病(简称 SVC),是一种急性、出血性、传染性病毒病,经常在鲤科鱼类特别是鲤、锦鲤中流行,引起幼鱼和成鱼死亡,危害严重。鲤春病毒病是国际兽医局(OIE)和我国进出境动物必检二类传染病。

[病原] 属弹状病毒科、水泡病毒属,有囊膜,病毒大小为 180 微米×70 微米,含单链 RNA。

[流行规律] 此病在春季水温 7℃以上时开始发生,水温 13~20℃时流行,并于水温 17℃左右时最为流行,水温超过 20℃时停止。主要危害越冬以后的幼鲤和一龄以上的鲤鱼,死亡率较高。低水温期,由于鲤鱼免疫力降低,容易大面积流行、暴发鲤春病毒病。感染途径是以水体为媒介,通过鳃进入鱼体,再通过粪、尿排出体外。外伤也是一个重要的传播途径。无症状的带毒鱼体能持续数周不断地排出病毒,在低水温时病毒能在被感染的鲤鱼血液中保持 11 周之久,即呈现持续性的病毒血症。此时,鱼类寄生虫如鲤虱或水蛭等能从带病毒鱼体中得到病毒,并传播到健康鲤鱼鱼体上。潜伏期在水温 15~20℃时一般为 1~2 周,死亡率高达 80%~90%,经济损失较大。

[临诊症状] 病鱼体色变黑，表皮和鳃渗血，腹部肿大，无食欲，游泳迟缓，侧游，最后失去游泳能力而死亡。无外部溃疡及其他细菌病症状。目检病鱼，可见鱼体两侧有浮肿红斑，体表轻度或重度充血，鳍基发炎，肛门红肿突出且经常排出长条状黏液，随着病情的发展，病鱼腹部明显肿大，眼球外突，鳃有出血点，有时可见竖鳞。剖检病鱼，以出血为主。鲤鱼急性感染时，消化道出血，腹水严重带血；肠、心、肾、鳔、肌肉出血，内脏水肿；肝部血管有血管炎及水肿，最后导致血管坏死，肝实质也多处坏死，可见黄疸症状；内脏到处充血，胰脏有脓性炎症和多处坏死病灶；腹部淋巴管扩张并充满碎屑，肠道也发生血管周炎，此时上皮脱落，绒毛萎缩；脾脏充血，其网状内皮增生，黑色素巨噬细胞中心增多并变大；鱼鳔是特别的靶器官，其上皮的单层变成不连续的多层，黏膜下层的血管扩张并积有血渗出物，邻近地区的淋巴细胞肿大；心包开始发炎，心肌浸润，在最后阶段发生连续性变性和坏死。

[防治方法]

①严格检疫，把好鱼体入池关 加强日常管理，坚持每天巡塘，观察鱼体活动情况，建立监测档案。定期进行水体消毒，以杀灭致病菌，保证水质清新。适时换水、增氧，合理使用增氧机，并坚持晴天中午多开机，以利于水体中有害气体的挥发。秋季尽量投喂中、高档饲料，少用原材料（如麦麸、玉米、小麦等）和低档饲料，一方面可以减少鱼类排泄物，减轻水体的污染压力，另一方面要为越冬鱼类提供充足营养，以增强鱼体抗病力。注意池塘的环境卫生，清洗食场，不留残饵，发现死鱼及时捞出，并进行无公害化处理。

②治疗方法 全池泼洒晶体敌百虫 0.5 毫克/千克，可杀灭虱或水蛭，以有效控制病情扩散，提高疗效。将发病池塘的鱼体转入新鲜水体的池塘，可以使疫病得到一定控制。控制水温，使水温尽快高于 15℃，如能控制水温在 20℃以上则可防止此病的发生。治疗时，可内服抗菌药饵，在每 50 千克饲料中添加土霉素 50 克、维生素 C 50 克制成药饵，连喂 5~7 天，病情重时可加 1 个疗程。保留病愈的鲤鱼作为亲鲤，其子代有一定的免疫力。

3. 寄生虫病

(1)鱼波豆虫病

[病原] 由飘游鱼波豆虫引起。虫体侧面观呈卵形或椭圆形,腹面观呈汤匙形。腹面有 1 条纵的口沟,从口沟端长出 2 条大致等长的鞭毛。圆形胞核位于虫体中部,胞核后有 1 个伸缩泡。

[病症] 鱼波豆虫是侵袭皮肤和鳃的寄生虫,当皮肤上大量寄生时用肉眼仔细观察,可辨认出暗淡的小斑点。皮肤上形成一层蓝灰色黏液,被鱼波豆虫穿透的表皮细胞坏死,细菌和水霉菌容易侵入,引起溃疡。感染的鳃小片上皮细胞坏死、脱落,使鳃器官丧失了正常功能,呼吸困难。病鱼丧失食欲,游泳迟钝,鳍条折叠,漂浮水面,不久便死亡。

[流行情况] 此病在全国各地均有发现,多半出现在面积小、水质较脏的池塘和水族缸中。青、草、鲢、鳙、鲤、鲫、金鱼等都可感染,主要危害小鱼,可在数天内突然大批死亡。2 龄鱼也常大量感染,对鱼的生长发育有一定影响,而患病的亲鱼,则可把病传给同池孵化的鱼苗。主要流行季节为冬末夏初。

[防治方法]

①鱼种过冬前,用硫酸铜溶液浸洗鱼体,每立方米水用药 8 克,浸洗 20~30 分钟。

②病鱼池每立方米水体用 0.7 克硫酸铜与硫酸亚铁合剂(5:2)全池遍洒。

(2)碘泡虫病

[病原] 由多种碘泡虫寄生而引起的。鲮鱼、鲤鱼碘泡虫病多为野鲤碘泡虫和佛山碘泡虫寄生引起的,鲫鱼、黄颡鱼碘泡虫病多是由鲫碘泡虫、圆形碘泡虫和歧囊碘泡虫引起的鱼病。碘泡虫的形态大同小异,如野鲤碘泡虫为长卵形,前端有两个瓶状极囊,内有螺旋形极丝,细胞质内有两个胚核和一个明显的嗜碘泡。

[病症] 鲮鱼、鲤鱼碘泡虫病常在体表出现大量乳白色瘤状胞囊,鲫碘泡虫病在鲫的吻部及鳍条上分布着大大小小的乳白色圆形胞囊,黄颡碘泡虫病的胞囊分布在各鳍条的末端,白色胞囊大小不等或

重叠起来呈灰白色。患碘泡虫病的病鱼,鱼体消瘦,特别是各种胞囊让人望而生畏,使鱼失去商品价值。

[流行情况]　鲮鱼碘泡虫病多发生在鲮鱼的鱼苗、鱼种阶段,鲫、鲤、黄颡鱼等碘泡虫病在全国各地都有流行,并有日趋严重的趋势,有的可引起病鱼大批死亡。

[防治方法]

①每亩水面用 125 千克生石灰彻底清塘,可以防止此病发生。

②每亩水放 500 克高锰酸钾,充分溶解后浸洗病鱼 20~30 分钟。

(3)斜管虫病

[病原]　由鲤斜管虫寄生引起。虫体有背腹之分,背部稍隆起。腹面观左边较直,右边稍弯,左面有 9 条纤毛线,右面有 7 条,每条纤毛线上长着一律的纤毛。腹面中部有 1 条喇叭状口管。大核近圆形,小核球形,身体左右两边各有 1 个伸缩泡,一前一后。

[病症]　寄生在鱼的鳃、体表,刺激寄主分泌大量黏液,使寄主皮肤表面形成苍白色或淡蓝色的黏液层,组织被破坏,影响鱼的呼吸功能。病鱼食欲差,鱼体消瘦发黑,靠近塘边浮在水面作侧卧状,不久即死亡。

[流行情况]　此病流行广泛,对鱼苗、鱼种危害较大,能引起大量死亡,该寄生虫繁殖最适温度为 12~18℃,初冬和春季最为流行。

[防治方法]

①用生石灰彻底清塘,杀灭底泥中病原。

②鱼种入池前每立方米水用 8 克硫酸铜或 2%食盐浸洗病鱼 20分钟。

③每立方米水用 0.7 克硫酸铜与硫酸亚铁合剂(5:2)全池遍洒。

④防治金鱼斜管虫病可用 2%食盐溶液浸洗 5~15 分钟,或每立方米水用 20 克高锰酸钾,在水温 10~20℃时,浸洗病鱼 20~30 分钟;水温在 20~25℃时,浸洗 15~20 分钟;水温在 25℃以上时,浸洗 10~15 分钟。

(4)小瓜虫病

[病原]　为多子小瓜虫寄生而引起的。虫体有幼虫期和成虫期,幼虫长卵形,前尖后钝,前端有一乳头状突起,称为钻孔器。稍后有一

似耳形胞口,后端有一根尾毛,全身有长短一律的纤毛;大核近圆形,小核球形。成虫期虫体球形,尾毛消失,全身纤毛均匀,胞口变为圆形,大核香肠状或马蹄形,小核紧靠大核,不易看到,小瓜虫生活周期可分为营养期和胞囊期。营养期自幼虫钻进皮肤或鳃上后,在皮肤组织间不停地来回钻动,吸收养料生长发育,同时刺激寄主组织增生,形成一个白色脓泡。

[病症] 小瓜虫寄生处形成许多直径 1 毫米以下的小白点,故又名白点病。当病情严重时,躯干、头、鳍、鳃、口腔等处都布满小白点,有时眼角膜上也有小白点,同时伴有大量黏液,表皮糜烂、脱落,甚至蛀鳍、瞎眼;病鱼体色发黑、消瘦、游动异常、呼吸困难而死。

[流行情况] 对鱼的种类及年龄没有严格选择性,全国各地均有发生。当水温在 28℃ 以上时,幼虫最易死亡,故高温季节此病较为少见。对高密度养殖的幼鱼及观赏性鱼类的危害最为严重,常引起大批死亡。

[防治方法]

①用生石灰彻底清塘,合理放养。

②每立方米水用 0.2~0.4 克孔雀石绿浸洗病鱼 2 小时。

③每立方米水用 2 克硝酸亚汞浸洗病鱼,水温在 15~12℃ 以下时,浸洗 2.0~2.5 小时;水温在 15℃ 以上时,浸洗 1.5~2.0 小时。

(5)三代虫病

[病原] 由三代虫属中的一些种类寄生引起。三代虫的外形和运动状况类似于指环虫,主要的区别是:三代的头端仅分成两叶,无眼点;后固着器伞形,其中有一对锚形中央大钩和八对伞形排列的边缘小钩。虫体中部为角质交配囊,内含 1 弯曲的大刺和若干小刺。最明显的是虫体中已有子代胚胎,子胚胞中又已孕育有第三代胚胎,称为三代虫。由于三代虫具有胎生的特点,子代产出后,可在原寄生体表寄生,也可移离原寄生侵袭其他寄主。

[病症] 大量寄生三代虫的鱼体,皮肤上有一层灰白色的黏液,鱼体失去光泽,游动极不正常。食欲减退,鱼体瘦弱,呼吸困难。将病鱼放在盛有清水的培养皿中,仔细观察,可见到蛭状小虫在活动。

[流行情况] 三代虫寄生于鱼的体表及鳃上,分布很广。每年春夏危害鱼苗鱼种。

[防治方法]

①鱼种放养前,每立方米水用含 20 克的高锰酸钾溶液浸洗鱼种 15～30 分钟,以杀死鱼种体上寄生的三代虫。

②用 90%晶体敌百虫全池遍洒,水温 20～30℃时,每立方米池水用药 0.2～0.5 克,防治效果较好。

③用含 2.5%敌百虫粉剂全池遍洒,每立方米池水用药 1～2 克。

④用敌百虫与面碱合剂全池遍洒,晶体敌百虫与面碱的比例为 1:0.6,每立方米水用药 0.10～0.24 克,防治三代虫效果也很好。

（6）锚头鳋病

[病原] 多种锚头鳋寄生而引起的鱼病。常见的有 4 种:寄生在鲢、鳙鱼体表、口腔的叫多态锚头鳋;寄生在草鱼鳞片下的叫草鱼锚头鳋;寄生在草鱼鳃弓上的叫四球锚头鳋;寄生在鲤、鲫、鲢、鳙、乌鳢、金鱼等体表的叫鲤锚头鳋。对鱼类危害最大的为多态锚头鳋。锚头鳋体大、细长,呈圆筒状,肉眼可见。

[病症] 锚头鳋把头部钻入鱼体内吸取营养,使鱼体消瘦。鱼体被锚头鳋钻入的部位,鳞片破裂,皮肤肌肉组织发炎红肿,组织坏死,水霉菌侵入丛生。锚头鳋露在鱼体表外面的部分,常有钟形虫和藻菌植物寄生,外观好像一束束的灰色棉絮。鱼体大量感染锚头鳋时,好像披着蓑衣,故称"蓑衣病"。此病对种鱼的危害最大,一条 6～9 厘米长的鱼,有 3～5 个锚头鳋寄生,就能引起死亡。以秋季流行最严重。

[防治方法]

①用生石灰清塘消毒,可以杀灭水中的锚头鳋幼虫。

②鱼种在放塘以前,用 1/100000～1/50000 的高锰酸钾溶液浸洗鱼体 1.5～2.0 小时,可杀死全部幼虫和部分成虫。

③用 90%晶体敌百虫全池泼洒,每立方米水体用药 0.5 克,隔 7 天泼洒 1 次,连续泼洒 3 次。

（7）钩介幼虫病

[病原] 蚌类的钩介幼虫寄生引起。每年的 8 月,蚌卵在母体的

外鳃腔内受精后发育为钩介幼虫。到第 2 年春天或初夏,钩介幼虫脱离母蚌,感染鱼类。钩介幼虫在鱼体寄生的时间与水温有关,水温 18~19℃时寄生 6~18 天。钩介幼虫吸取鱼体营养发育为幼蚌后,才离开鱼体,在水中长成成蚌。钩介幼虫的身体略呈三角形,有两片壳,壳的腹侧边缘生许多钩,壳内并生出一条细长而黏的足丝。

[病症] 幼虫就用钩和足丝固着在鱼的鳃和鳍上。遭到钩介幼虫寄生的鱼,寄生部位组织增生,将幼虫包在内面发育,并使微血管阻塞。如寄生在嘴角、口唇或口腔内,则使鱼丧失摄食能力,从而萎瘪致死。病鱼头部往往充血,出现红头白嘴现象,因此,群众称它为"红头白嘴病"。

[流行情况] 此病主要危害草、鳙鱼夏花。流行时期在 5~6 月。

[防治方法]

①用生石灰消毒,或亩水面用 40~50 千克茶饼清塘,清除池塘内的河蚌。

②鱼苗、鱼种培育池内不混养蚌类。

③发病初期,将病鱼转到没有蚌类的鱼池饲养,可以使病情好转。

(8)鳃隐鞭虫病

[病原] 由鞭毛虫纲的鳃隐鞭虫引起的一种寄生虫性鳃病。虫体柳叶形,扁平,前端较宽,后端较狭;从前端长出两根不等长鞭毛,一根向前叫前鞭毛,另一根沿着体表向后组成波动膜,伸出体外为后鞭毛。虫体中部有一圆形胞核,胞核前有一形状和大小相似的动核。

[病症] 病鱼鳃部无明显的病症,只是表现黏液较多。当鳃隐鞭虫大量侵袭鱼鳃时,能破坏鳃丝上皮和产生凝血酶,使鳃小片血管堵塞,黏液增多,严重时可出现呼吸困难,不摄食,离群独游或靠近岸边不动,体色暗黑,鱼体消瘦,以致死亡。但要确诊,还得借助显微镜来检查。离开组织的虫体在玻璃片上不断地扭动前进,波动膜的起伏摆动尤为明显。固着在鳃组织上的虫体不断地摆动,寄生多时,在高倍显微镜的视野下能发现几十个甚至上百个虫体,即可诊断为此病。

[流行情况] 鳃隐鞭虫对寄主无严格的选择性,池塘养殖鱼类均能感染。但能引起鱼生病和造成大量死亡的主要是草鱼苗种,尤其在

草鱼苗阶段饲养密度大、规格小、体质弱,容易发生此病。每年 5~10 月份流行。冬春季节,鳃隐鞭虫往往从草鱼鳃丝转移到鲢、鳙鳃耙上寄生,但不能使鲢、鳙发病,因鲢、鳙鱼有天然免疫力成为"保虫寄主"。同时,大鱼对此虫也有抵抗力。

[防治方法]

①鱼种放养前用硫酸铜溶液洗浴 20~30 分钟,药液浓度是每立方米水中含药 8 克。

②每立方米池水用 0.7 克硫酸铜和硫酸亚铁合剂(5:2),全池遍洒。

(9)粘孢子虫病

[病原] 由粘孢子虫寄生鱼体引起。

[病症] 病鱼的吻部、鳃盖、鳃丝等处分布着许多乳白色圆形胞囊,小的有针头大,大的直径可达 0.2 厘米,镜检可观察到大量粘孢大虫。

[流行情况] 主要危害鲫鱼、鲤鱼及黄颡鱼等。该病在全国均有发生。

[防治方法]

预防 每亩塘用 125 千克生石灰彻底清塘。鱼种放养时用高锰酸钾,每 100 千克水用药 2 克,浸洗 30 分钟。流行季节定期泼洒敌百虫。

治疗 全池泼洒敌百虫和硫酸铜,每立方米水各用 0.5 克,同时口服 4%碘液,每 100 千克鱼每天 60 毫升,拌饲料饲喂,连服 4 天。

(10)车轮虫病

[病原] 寄生在鳃上的车轮虫有卵形车轮虫、微小车轮虫,球形车轮虫和眉溪小车轮虫。这类车轮虫的虫体都比较小,故将它们统称"小车轮虫"。车轮虫的身体侧面看像碟子。身体隆起的一面叫口面,相对的一面叫反口面,向中间凹入,构成吸附在寄主身上的胞器,叫附着盘。从反口面看,可以看到一个像齿轮状的结构,叫齿环。在齿环外围有许多辐射状的辐线环,在辐线环周围边长着一圈长短一律的纤毛。

[病症] 这类小型车轮虫对幼鱼和成鱼都可感染,在鱼种阶段最普遍。常成群地聚集在鳃丝边缘或鳃丝的缝隙里,使鳃腐烂,严重影响鱼的呼吸机能,使鱼致死。

[流行情况] 寄生在鳃上的车轮虫病是鱼苗鱼种阶段危害较大

的鱼病之一。全国各地养殖场都有流行,特别是长江、长江流域各地区,每年 5~8 月间,鱼苗、夏花鱼种常因此病而大批死亡。此病在面积小、水浅和放养密度较大的水域最容易发生,尤其是经常用大草或粪肥沤水培育鱼苗鱼种的池塘,水质一般比较脏,是车轮虫病发生的主要场所。

[防治方法]

①鱼种放养前用生石灰清塘消毒,用混合堆肥代替大草和粪肥直接沤水培育鱼苗鱼种,可避免车轮虫的大量繁殖。

②当鱼苗体长达 2 厘米左右,每 7 平方米水面深 1 米时,放苦楝树枝叶 15 千克,每隔 7~10 天换 1 次,可预防车轮虫病的发生。

③每立方米池水用 0.7 克硫酸铜和硫酸亚铁合剂(5:2),全池泼洒,可有效地杀死鳃上的车轮虫。

(11)指环虫病

[病原] 由指环虫属中许多种类引起的种寄生虫性鳃病。我国饲养鱼类中常见的指环虫有鳃片指环虫、鳙指环虫、鲢指环虫和环鳃指环虫等。虫体扁平,头部前端背面有 4 个黑色的眼点,口在眼点附近,口下面膨大的部分叫咽,咽后分两根肠管延伸到体后端连接成环状。虫体后端有固着盘,由 1 对大锚钩和 7 对边缘小钩组成,借此固着在鱼的鳃上。

[病症] 大量寄生指环虫时,病鱼鳃丝黏液增多,鳃丝全部或部分成苍白色,妨碍鱼的呼吸,有时可见大量虫体挤出鳃外。鳃部显著浮肿,鳃盖张开,病鱼游动缓慢,直至死亡。

[流行情况] 指环虫病是一种常见的多发性鳃病。它主要以虫卵和幼虫传播,流行于春末夏初,大量寄生可使鱼苗鱼种大批死亡。对鲢、鳙、草鱼危害最大。

[防治方法]

①鱼种放养前,用高锰酸钾溶液浸洗 15~30 分钟,药液浓度是每立方米水 20 克,可杀死鱼种鳃上和体表寄生的指环虫。

②水温 20~30°C 时,用 90%晶体敌百虫全池遍洒,每立方米池水用药 0.2~0.5 克,效果较好。

③每立方米池水用含 2.5%敌百虫粉剂 1~2 克全池遍洒，疗效也很好，成本比晶体敌百虫低些。

④用敌百虫与面碱合剂全池遍洒，晶体敌百虫与面碱的比例为 1:0.6，每立方米池水用合剂 0.10~0.24 克，效果很好。

(12)中华鳋病

[病原]　中华鳋病的病原体有大中华鳋和鲢中华鳋。中华鳋雌雄异体，雌虫营寄生生活，雄虫营自由生活。大中华鳋的雌虫寄生在草鱼鳃上，鲢中华鳋寄生在鲢鱼鳃上。雌虫用大钩钩在鱼的鳃丝上，像挂着许多小蛆，所以中华鳋病又叫"鳃蛆病"。

[病症]　中华鳋寄生在鱼的鳃上，除了它的大钩钩破鳃组织，夺取鱼的营养以外，它还可能分泌一种酶的物质，刺激鳃组织，使组织增生，病鱼的鳃丝末端肿胀发白、变形，严重时，整个鳃丝肿大发白，甚至溃烂，使鱼死亡。

[流行情况]　此病主要危害 1 龄以上的草鱼。每年 5~9 月为流行盛期。

[防治方法]

①鱼种放养前，用硫酸铜和硫酸亚铁合剂(每立方米水放硫酸铜 5 克，硫酸亚铁 2 克)浸洗鱼种 20~30 分钟，杀灭鱼体上的中华鳋幼虫。

②病鱼池用 90%晶体敌百虫泼洒，每立方米池水用药 0.5 克，杀死中华鳋幼虫，可以减轻病情。

(13)毛细线虫病

[病原]　毛细线虫病是由毛细线虫寄生于鱼的肠中而引起的鱼病。虫体线状，肉眼可见。卵生，卵随寄主粪便排入水中，沉入水底，或附在水草及碎屑上，被鱼吞食后感染。

[病症]　虫体以头部钻入宿主肠壁的黏膜层内，破坏肠壁组织，引起发炎，严重时可致死亡。少量寄生，不显症状，感染 4 条以上虫体，鱼体即消瘦，体色变黑，离群独游，长度 1.7~6.6 厘米的草、青鱼种，平均感染强度达 7.5 条时，能引起大量死亡。

[流行情况]　主要危害草鱼、青鱼种，鲢、鳙、鲮鱼也有感染。

65

[防治方法]

①彻底干塘,暴晒池底至干裂。

②用漂白粉与生石灰合剂清塘,每立方米水体用漂白粉 10 克,生石灰 120 克。

③发病初期,可用 90%晶体敌百虫,按每千克鱼每天用 0.10~0.15 克,拌入豆饼粉 30 克,做成药饵投喂,连喂 6 天,可有效地杀死肠内毛细线虫。

(14)头槽绦虫病

[病原] 头槽绦虫病是由九江头槽绦虫、马口头槽绦虫等引起的肠道寄生虫病。九江头槽绦虫主要寄生于草、青、鲢、鳙、鲮等鱼肠道内,马口头槽绦虫主寄生于青鱼、团头鲂、赤眼鳟等鱼肠道内。头槽绦虫为扁带形,由许多节片组成,头节略呈心脏形,顶端有顶盘,两侧有两个深沟槽,无明显颈部。每个体节片内均有一套雌雄生殖器官,睾丸呈球形,成单行排列在髓层。卵巢块状双叶腺体。卵黄腺散布在皮层。成熟节片内充满虫卵。头槽绦虫卵随着粪落入水中,孵出钩球蚴,为鱼类误食后,即在鱼肠道中发育为裂头蚴,并陆续长出节片发育成成虫。

[病症] 病鱼黑色素增加,口常张开,但食量剧减,故又称"干口病"。严重的病鱼,腹部膨胀,剖开鱼腹,可见肠道形成胃囊状扩张,破肠后,即可见到白色带状虫体聚集在一起。

[流行情况] 此病主要危害草鱼种。流行地区主要在广东、广西,越冬草鱼种死亡率达 90%,是主要鱼病之一。

[防治方法]

①彻底清塘,杀灭剑水蚤。

②用含 90%的晶体敌百虫 50 克和面粉 500 克混合做成药饵,按鱼体重定量投喂,每天 1 次,连喂 6 天。

③每千克鱼用 48 毫克吡喹酮拌饲料投喂 1 次,隔 4 天用同样剂量再投喂 1 次。

(15)变形虫病

[病原] 为鲩内变形虫引起的一种肠道病。营养体淡灰色,运动活泼,胞质分内外两层,内质比较浓密,具细小空泡,外质透明,能不断

伸出叶状伪足,使虫体向前推进。细胞核透明、圆形。当环境不良时,伪足消失,体积变小,不活动也不摄食,分泌一层薄膜把身体包围,形成胞囊,随寄主粪便排出体外,被鱼吞食而感染。

[病症] 鲩内变形虫寄生在肠内,由于肠黏膜组织遭到破坏,充血发炎,出现乳黄色黏液,因此与细菌性肠炎病有些相似,但无细菌性肠炎的其他症状。常与六鞭毛虫、肠袋虫同时存在,或与细菌性肠炎形成并发症。

[流行情况] 鲩内变形虫主要寄生在 2 龄以上草鱼的后肠,6~9 月为流行季节,且常与细菌性肠炎病同时暴发。

[防治方法]

①可采用生石灰清塘等措施,以杀灭落在水中的胞囊。

②加强鱼池的卫生管理,防止有病原体的水流或其他媒介物把病原体带入池中。

(16)四极虫病

[病原] 四极病鱼是由鲢四极虫寄生引起的鱼病。虫体孢子球形,一端有 4 个形态和大小相似的球形极囊,无嗜碘泡,缝脊直,壳片有 8~10 条与缝脊平行的雕纹。

[病症] 患四极虫病的白鲢体躯消瘦,有的体色发黑,眼圈出现充血现象或眼球稍突出,鱼腹和鳍基部变成黄色,有的病鱼与水霉和斜管虫病并发,造成大批死亡。

[流行情况] 四极虫主要侵袭鲢鱼胆囊,使胆功能失常,能造成大规模死亡。

[防治方法]

①用生石灰彻底清塘,能杀灭塘底淤泥中的孢子,预防此病蔓延;

②每千克饲料拌入 0.5~1.0 克呋喃唑酮喂鱼,能降低发病率。

4. 真菌性鱼病

(1)水霉病

[病原] 水霉病又称肤霉病、白毛病,是由水霉科中许多种类寄生而引起的。我国常见的有水霉和绵霉两属。菌丝细长,多数分枝,少

数不分枝,一端像根一样扎在鱼体的损伤处,大部分露出体表,长可达3厘米,菌丝呈灰色,似柔软的棉絮状。扎入皮肤和肌肉内的菌丝,称为内菌丝,它具有吸取养料的功能;露出体外的菌丝,称为外菌丝。

[病症] 霉菌最初寄生时,肉眼看不出病鱼有什么异状,当肉眼看到时,菌丝已在鱼体伤口侵入,并向内外生长,向外生长的菌丝似灰白色棉絮状,故称白毛病。病鱼焦躁不安,常出现与其他固体摩擦现象,以后患处肌肉腐烂,病鱼行动迟缓,食欲减退,最终死亡。在鱼卵孵化过程中,也常发生水霉病。可看到菌丝侵附在卵膜上,卵膜外的菌丝丛生在水中,故有"卵丝病"之称,因其菌丝呈放射状,也有人称之为"太阳籽"。

[流行情况] 此类霉菌,或多或少地存在于一切淡水水域中。全国各养殖区都有流行。各种饲养鱼类,从鱼卵到各龄鱼都可感染。感染一般从鱼体的伤口入侵,在密养的越冬池冬季和早春更易流行。鱼卵也是水霉菌感染的主要对象,特别是阴雨天,水温低,极易发生并迅速蔓延,造成大批鱼卵死亡。

[防治方法]

①在捕捞、搬运和放养等操作过程中,勿使鱼体受伤;同时注意合理的放养密度。

②鱼池要用生石灰或漂白粉彻底清塘。

③最好不要用受伤的鱼作为亲鱼,亲鱼进池前用1%孔雀石绿软膏或磺胺药物软膏涂抹鱼体。

④孵化鱼卵时,每隔6~8小时在孵化器中加孔雀石绿溶液1次,使孵化用水呈淡绿色,一直到鱼苗孵出为止,可以减少肤霉菌的感染和提高孵化率。对于黏性鱼卵,也可用1/150000的孔雀石绿溶液浸洗鱼卵10~15分钟,连续2天,以后每天早晨或傍晚,用每100千克水含孔雀石绿7~10克的溶液10~15千克泼洒在孵化箱附近的水面中,直至鱼苗孵出为止。

⑤用3%~5%的福尔马林溶液或1%~3%的食盐水溶液浸洗产卵的鱼巢,前者浸洗2~3分钟,后者浸洗20分钟,均有防病作用。

⑥每亩水面用2.5~5.0千克菖蒲汁,0.5~1.0千克食盐, 加入2~20

千克人尿,全池泼洒。

⑦用食盐、小苏打合剂各 4/10000 的溶液全池遍洒。

(2)鳃霉病

[病原]　由鳃霉菌寄生在鱼鳃上引起。国内发现的鳃霉有两种类型。寄生在草鱼鳃上的鳃霉,菌丝体比较粗直而少弯曲,通常是单枝延长生长,分枝很少,不进入血管和软骨,仅生长在鳃小片的组织,菌丝直径为 20~25 微米,孢子的直径为 7.4~9.6 微米,平均为 8 微米。另一种寄生于青、鳙、鲮鱼鳃上,它的菌丝常弯曲成网状,较细而壁厚,分枝特别多,分枝沿着鳃丝血管或穿入软骨生长,纵横交错,充满鳃丝和鳃小片。

[病症]　感染鳃霉病急性型的病鱼,出现病情后几天内大量死亡,表现为鳃出血,部分鳃丝颜色苍白,鱼不摄食,游动缓慢。慢性型发病的病鱼,死亡率稍低,坏死的鳃丝部分腐烂脱落,鳃丝贫血,呈苍白色。鳃霉病必须借助显微镜确诊。剪少许腐烂的鳃丝,在显微镜观察是否有鳃霉菌的菌丝。

[流行情况]　现已发现鳃霉病的地区有两广、两湖、江浙、上海及辽宁等地。鲮鱼种对此病最为敏感,发病率可达 70%~80%以上,且死亡率很高。每年 5~10 月为流行季节,尤以 5~7 月间为最甚。鳃霉病的流行,除地理条件以外,池塘的水质状况是主要因素,一般都是水质恶化,特别是有机质含量很高,又脏又臭的池塘,最易流行鳃霉病。鳃霉病的发生,在广东与采用茶粕清塘和用大草培水的培育苗种方法有关,因为大草在池中发酵腐烂,水中有机质突然增多,水质恶化,所以池中容易暴发鳃霉病。

[防治方法]

①经常保持池水新鲜清洁,适时加入新水,可以减少发病机会。

②鱼苗鱼种培育池要用混合堆肥代替大草和粪肥直接沤水法,用生石灰清塘,可以预防鳃霉病的发生。

③发病鱼池立即冲注新水。

④每立方米水用 1 克漂白粉全池遍洒。

5. 非寄生性鱼病

(1)食物缺乏引起的疾病

①跑马病　主要发生在鱼苗至夏花培育阶段,常见于草、青鱼。鱼苗下塘后 10 多天,鱼苗绕着鱼池边成群狂游,长时期不停止,如跑马状,故称"跑马病"。此病主要是由于缺乏食物引起的。多因鱼苗下塘后,阴雨连绵,水温较低,池水肥不起来,缺乏鱼苗适口的饵料。池塘漏水,也能引起跑马病,因漏水影响水质不肥,也能引起跑马病。由于鱼成群结队围着池边狂游不停,造成体力过分消耗,使鱼体消瘦,体力枯竭,最后大量死亡。

防治方法　如果是因缺乏食物引起的,一是要注意鱼苗放养不能过密,特别是草、青鱼;二是鱼苗饲养 10 天左右后,需投喂一些豆浆或豆渣等草、青鱼苗适口饵料;如果是因鱼池漏水引起的,要及时堵塞漏洞。发现跑马病的鱼池,可用芦席从池边向中间横立,隔断鱼苗成群狂游的路线。

②脂肪肝　病鱼临床表现为食欲减退,生长发育迟缓;游动无力,有时痉挛窜游;体色暗晦,或体表局部发生溃烂;反应迟钝,反抗力弱,呼吸困难,抗病能力及抗应激反应能力降低。常伴有细菌性感染,捕捞与运输极度不安,全身很快充血或出血变红。解剖后,可见肝肿大,质脆易碎。或呈大理石斑样花肝,或见点状出血,胆囊肿大或萎缩。胆汁充盈、色深绿或墨绿。

防治方法　内服药物选择疗效显著的新型制剂,如"肝血宁"拌料饲喂。或选用葡萄糖醛酸内酯(肝泰乐)也有一定疗效。补充维生素类物质。如维生素 B_{12} 及其他 B 族维生素,促进鱼体对氨基酸的吸收和蛋白质的合成,利于肝细胞的再生。维生素 C 可促进肝糖原的形成,增强毛细血管的弹性,提高免疫能力与抗应激反应能力。维生素 K 为合成凝血酶原原料,凝血酶原为凝血过程所必需的物质。补充维生素 K 利于肝脏出血止血。同时添加适量甜菜碱,氯化胆碱、肉毒碱、甲硫氨酸、肌醇等可以促进肝脏的脂肪代谢,防止脂肪肝发生,利于肝功能的全面恢复。投喂营养全面的优质饲料,严禁霉变质、强化投喂与水体水质恶化。若饲料原料脂肪发生变性，其中毒性很大的醛类物质将直接对肝脏损害。

(2)不良水质引起的疾病

①泛塘　泛塘是池塘水中的溶解氧不足而引起的一种鱼病。养鱼水体要求每升水中含溶解氧5毫克以上，如果低于1毫克，鱼就要浮头，甚至发生死亡。泛塘一般多发生在5~9月。每当天气闷热、气压降低、风向由北转南、暴雨过后等情况下，半夜之后最容易发生泛塘。泛塘之前，一般池塘水面出现泡沫，甚至有一股腥臭味；小鱼虾聚集于池边等。泛塘时塘内鱼群狂游乱窜、翻白，如不及时抢救，会全池死光。

防治方法　冬季干塘清除淤泥；注意投饵施肥，勤捞残渣。合理掌握放养密度，防止鱼池过密缺氧。注意巡塘，发现泛塘迹象，立即注入新水，开动增氧机增加氧气。用黄泥水、明矾水、石膏粉等泼洒，对解除泛塘也有一定的效果。施放鱼浮灵、"991"和"993"等复方增氧剂。

②弯体病　弯体病又称畸形病、龙尾病。鱼类发生弯体病的原因有两个方面：一是由于水中含重金属盐类过多，刺激鱼的神经和肌肉收缩所致。新开的鱼池，由于土壤中的重金属盐类溶解在水中，所以鱼种患弯体病的较多，养鱼较久的老鱼池，土壤中的重金属盐类大多溶解完了，一般不易发生此病。二是由于鱼缺乏钙质而产生弯体病。患弯体病的鱼，主要的症状是身体呈"S"形弯曲，有的病鱼身体有两三个弯曲，有的只尾部弯曲，有的鳃盖凹陷或嘴部上下腭和鳍出现畸形。

防治方法：新开鱼池先养1~2年成鱼，以后再养鱼苗鱼种。病鱼池经常注入新水，改良水质。加强饲养管理，多喂营养全面的饵料。若缺钙质，在5千克豆浆中加0.5千克石灰投喂，效果较好。

③气泡病　由于养殖水体过肥，水体溶解氧过饱和引起。当养殖水体溶解氧过饱和时，过饱和的氧气通过鳃经血液循环进入鱼体，血液流经鳍、鱼苗皮下毛细血管时，由于此时氧分压较低，氧气从血液中解离出来进入组织中，过剩的氧气滞留在组织中形成气泡，起初气泡很小，以后逐渐增大。鱼苗误吞氧气泡，在肠道内也形成气泡，吞入较多时，可形成较大的气泡。

鱼苗发病后，头部、体表皮下、鳍膜、肠道及肠壁有大小不等的气泡,发病鱼苗浮于水面,游动困难,受惊后呈挣扎状,不摄食,不久即衰竭而死;鱼种、成鱼发病后,鳍膜内可见许多大小不等的气泡,治疗不及时则气泡处出现溃疡,严重者可导致死亡。

鱼苗养殖期、鱼种养殖期及成鱼养殖前期,连绵阴雨天气转晴后的无风天气下,常发生此病。我国北方地区在鱼类越冬后期也常发生此病。

防治方法 用浓度为 4~6 毫克/升的食盐全池泼洒,以改变鱼体皮肤渗透压,使患病鱼体内的气泡逸出体外,此法可有效治愈气泡病。向养殖池塘注入清水并排出部分老水。开启增氧机,使水体中过饱和的氧气散发到空气中。泼洒灭藻药物,降低水体中浮游植物的数量。冬季发生气泡病后,可以采取打冰眼、开启增氧机等措施,使水体中过剩的氧气扩散到空气中。

6. 藻类引起的鱼病

（1）打粉病

[病原] 打粉病又叫白鳞病、卵甲藻病,是一种嗜酸性卵甲藻寄生鱼体表而引起的鱼病。嗜酸性卵甲藻是一种适合生活在酸性水质中的浮游植物。身体呈肾脏形,体外有一层透明的玻璃纤维壁,体内充满淀粉粒和色素体,中央有一圆形的核。嗜酸性卵甲藻用纵分裂法形成裸甲子,在水中自由活动,碰到鱼类就附着于鱼体上,开始过寄生生活,发育为嗜酸性卵甲藻。池塘水呈酸性(pH5.0~6.5),水温 22~32℃的条件,最适合它的生长繁殖。

[病症] 病鱼在患病初期,在池中拥挤成团,体表的黏液增多,背鳍、尾鳍和背部先后出现白色小点,随后白点逐渐向尾柄、身体两侧、头部等处蔓延扩大,以致连接重叠,全身像涂了一层粉一样,故叫打粉病。

[流行情况] 打粉病的发病时间长,感染快,死亡率高。以夏、秋两季流行最盛,草鱼种最易感染。夏花和刚入池培育的"冬片"鱼种最容易发生此病。

[防治方法]

①鱼池要彻底清塘消毒,在鱼种培育过程中,定期用生石灰泼洒,

把池水的 pH 调节到 8 左右。

②将病鱼转到水质为微碱性的鱼池内饲养。

（2）小三毛金藻中毒

主要是小三毛金藻在池塘中大量繁殖时分泌的溶血素和鱼毒素，引起鱼类死亡。孳生小三毛金藻的水质特点是：盐度 4%~5% 以上，氧化物含量 2000 毫克/升以上，水的硬度在 40° 以上，pH7.2~9.6。因此在盐碱地建成的鱼池，常因此藻中毒而发生死鱼现象。鱼中毒一般在清晨开始，但症状和浮头现象不同：开始是鱼向池的四隅集中，但驱之即散、随着中毒的加重，几乎所有的鱼都集中排列在池岸边，头向岸静止不动，有时还窜到岸上，当人走过驱之可暂时散开，人走后又马上集中。停留在岸边的鱼开始失去平衡，侧卧、呼吸困难，终于呈昏迷状态而死。

防治方法 ①用 0.7 毫克/千克的硫酸铜全池泼洒，可抑制这种藻分泌毒素的机能或减弱鱼毒素的活性；

②用 5~10 毫克/千克硫酸铵全池泼洒或亩放尿素 1.0~1.5 千克和磷酸钙 2~3 千克，繁殖浮游生物，抑制三毛金藻的生长；

③在发病初期可将毒水排放，灌入新水或将鱼捕出，转入无毒水质的鱼池中。

（3）蓝藻病害

蓝藻包括铜绿微囊藻和水花微囊藻，一般发生在夏季和初秋，它喜欢生长在温度较高和碱性较重的水中，当 pH8.0~9.5，水温在 28~32℃ 时，繁殖最快。如在 1 升水中有 50 万个群体以上时，水中溶氧往往不敷其需要，而会自身大量死亡。藻体死亡后，蛋白质容易分解，产生羟胺及硫化氢等有毒物质，从而导致鱼类中毒。

防治方法 经常注新水，控制水中有机质含量，注意水的 pH 值调节(定期泼洒石灰)可控制微囊藻的繁殖。用 0.7 毫克/千克硫酸铜全池泼洒，放药后应开动增氧机或在次日加注新水。在清晨藻体上浮集聚时，撒入不受潮的草木灰，连撒 2~3 天，即可消失。隔天再全池遍撒生石灰(每亩 15~20 千克)，效果更佳。

无公害水产品养殖规范

(一)无公害食品　草鱼池塘养殖技术规范

1. 范围

本标准规定了草鱼池塘养殖的产量指标、饲养周期、环境条件、苗种放养、肥料和饲料、饲养管理、鱼病防治。

本标准适用于草鱼的池塘养殖。

2. 规范性引用文件

下列文件中的条款通过本标准的引用而成为本标准的条款。凡是注日期的引用文件,其随后所有的修改单(不包括勘误的内容)或修订版均不适用于本标准。凡是不注日期的引用文件,其最新版本适用于本标准。

GB 11607　渔业水质标准

GB/T 11776—1989　草鱼鱼苗、鱼种质量标准

GB/T 11777—1989　鲢鱼鱼苗、鱼种质量标准

GB/T 11778—1989　鳙鱼鱼苗、鱼种质量标准

NY/T 394—2000　绿色食品　肥料使用准则

NY 5051—2001　无公害食品　淡水养殖用水水质

NY 5071—2002　无公害食品　渔用药物使用准则

NY 5072—2002　无公害食品　渔用配合饲料安全限量

SC/T 1008—1994　池塘常规培育鱼苗鱼种技术规范

3. 术语和定义

（1）鱼苗

鱼受精卵孵化脱膜、卵黄囊消失、鳔充气、能平游和主动摄食、全长不超过 1.7 厘米的仔鱼。

（2）夏花

鱼苗生长发育至全体鳞片、鳍条长全，外观已具有成体基本特征、全长达到 2.7~4.0 厘米的细幼苗。

（3）一龄鱼种

夏花鱼种培育至当年 10 月份的鱼体。

4. 产量限定

（1）产量指标、饲养周期

池塘净产量不大于 600 千克/亩，其中草鱼净产量不大于 500 千克/亩，饲养周期为 2~3 年。

（2）商品规格、商品率

草鱼商品规格不小于 1000 克/尾。

符合商品规格的食用鱼占总产量的 65% 以上。

5. 环境条件

（1）场地选择

①水源充足，排灌方便。没有对渔业水质构成威胁的污染水源。

②池塘通风向阳，周围无高大遮蔽物。

（2）水质

①水源水质应符合 GB 11607 之规定；池塘水质应符合 NY 5051—2001 之规定。

②主要化学、物理因子指标。

表1　主要化学、物理因子指标

种类	化学耗氧量（毫克/升）	总氮浓度（毫克/升）	透明度（厘米）	pH 值	溶解氧（毫克/升）	盐度(‰)
含量	0.5~3.0	0.1~0.5	25.0~35.0	7.0~8.5	白天平均≥5.0 夜间最低>2.0	0.5~3.0

③主要生物因子指标

表2　主要生物因子指标　（毫克/升）

种类	有益浮游植物	浮游动物	底栖动物
数量	30.0~70.0	5.0~10.0	>0

（3）鱼池要求

鱼池要求见表3

表3　鱼池要求

鱼池类别	面积 （公顷）	水深 （米）	底质要求	淤泥厚 （厘米）	池清整消毒
鱼种池	0.33	1.0~1.5	池底平坦， 壤土或沙 壤土	≤20	池塘消毒按 SC/T 1008— 1994 执行
成鱼池	0.67~1.33 宜大	1.5~2.0			

6. 苗种放养

（1）鱼苗、夏花放养

鱼苗、夏花的质量应符合 GB/T 11776—1989 之规定。放养应符合 SC/T 1008—1994 之规定,时间为 5 月中、下旬左右;鱼苗放养密度为 120~150 尾/米 ^{2};夏花放养密度为 8~12 尾/米 ^{2},放养 10~15 天后套养的鲢、鳙鱼。其质量符合 GB/T 11777—1989、GB/T 11778—1989 之规定。

（2）一龄鱼种放养

一龄鱼种的质量应符合 GB/T 11776–1989 之规定。秋放在 10 月份进行,数量占总放养量的 80%以上;春放在 3~4 月进行;1 次放足,规格为 50~100 克/尾,密度为 0.8~1.2 尾/米 ^{2};套养鲢、鳙鱼。其质量符合 GB/T 11777—1989、GB/T 11778—1989 之规定。

7. 肥料和饲料

（1）肥料

鱼苗放养前施用,成鱼一般少用或不用。

(2)饲料

①青饲料　鱼种期以浮萍为主,成鱼期以无毒、鲜嫩陆草为主,可食部分应占 70%以上。青饲料宜在商品饲料之前投喂。

②配合饲料　应符合 NY 5072—2002 之规定。

8.饲养管理

(1)鱼种培养

①施肥、注水　鱼苗、夏花放养前 7~10 天施肥,用量为 200~250 千克/亩,有机肥应经发酵腐熟,并用 1.0%~2.0%的生石灰消毒,使用原则应符合 NY/T 394—2000 之规定。施肥 2~3 天后将鱼种池池水加深至 0.5 米。

②日常管理　鱼苗入池后,使用黄豆 2~3 千克/天·亩,分 2~3 次磨成豆浆,滤去豆渣后全池泼洒。1 周后黄豆增至 3~4 千克/天·亩,培育 10 天后需加泼 1 次,培育至夏花时分塘。

夏花阶段开始进行人工驯化,时间为 10 天左右,每 5 天为 1 个驯养周期,每次驯化时间 40~60 分钟左右,使其逐步形成集群摄食行为。驯化后配合饲料投喂量根据情况掌握,饲养前期每天投喂 4~5 次,后期每天投喂 3~4 次,每次投喂 40~60 分钟为宜,定期辅喂青饲料。

培育期内每 5~7 天注水 1 次,最后池水深度在 1.0~1.5 米。

(2)成鱼饲养

①日常管理　以配合饲料投喂为主,定期辅喂青饲料,做到早开食,晚停食。制定具体投喂计划,实行四定投饵:定时、定位、定质、定量;根据天气、水温、水质等状况具体掌握,以鱼吃至八成饱为宜。日投饵率为鱼体重的 5%~7%,饲养前期每天投喂 4~5 次,后期 3~4 次。

平时每月注水 1~3 次,6~8 月每月注水 3 次左右,每次加水深度为 10 厘米,水深保持在 1.5~2.0 米。

定期用生石灰浆全池泼洒,用量为 15~25 千克/亩,平时每月 1~2 次,7~8 月酌情增加。

②机械配置及使用　常用机械为自动投饵机和增氧机。

400 千克/亩以上产量的池塘应配备增氧机,每 10 亩配备 3 千瓦增氧机 1 台。根据池水溶氧状况,结合三开两不开原则适时给池水增氧。池水溶氧小于 3 毫克/升时应通夜开机。

(3)越冬管理

①越冬密度　压塘成鱼和鱼种的越冬一般为 0.3~0.6 千克/米³,根据池塘情况可作适当调整。

②越冬鱼体要求　鱼体应无病无伤,肥满健壮。

③越冬方法　越冬池塘应比较干净,冰下水深保持在 1.5 米左右,分规格并塘。

冰封前每公顷用 90%的晶体敌百虫 1.5~3.0 千克全池泼洒。

池水浮游植物量应保持在 25~50 毫克/升。

保持水面透光性,应及时扫除冰面上的积雪,打冰眼,观察水质及鱼的活动状况。

9. 鱼病防治

(1)鱼病预防

鱼病以预防为主,一般措施如下。

①在鱼苗、鱼种拉网、筛选、运输过程中应细心操作,严防鱼体受伤;

②鱼苗、鱼种入塘前,用 2.0%~4.0%的盐水浸洗 5 分钟进行消毒;

③鱼苗鱼种下塘后,90%晶体敌百虫全池泼洒 1 次,使池水呈 0.3~0.5 毫克/升浓度。10~15 天后按 1 克/米³(28%有效氯)浓度漂白粉全池泼洒 1 次;

④高温季节,饲料中按每千克鱼体重每日拌入 5 克大蒜,连续投喂 6 天;

⑤高温季节,每月用漂白粉挂篓,或硫酸铜、硫酸亚铁合剂挂袋法进行食场消毒;

⑥鱼病流行季节,每月用漂白粉全池泼洒 1 次,使池水呈 1.0 毫克/升浓度;

⑦定期使用微生物制剂,调控水质,提高鱼体免疫力;

⑧死鱼应及时捞出,埋入土中;

⑨病鱼池中使用过的渔具要使用盐水或高锰酸钾溶液浸洗消毒。

(2)常见鱼病及防治

常见鱼病及其防治见表4。防治药物使用应符合 NY 5071—2002 之规定。

表4　常见鱼病及其防治

病名	发病季节	症状	防治方法
车轮虫病	5~8月	体色发黑,瘦弱,鳃组织损坏	0.5~0.7毫克/升浓度硫酸铜、硫酸亚铁合剂(5:2)全池泼洒
指环虫病	春、夏、秋季	鱼体瘦弱,游动乏力,大量寄生时鳃盖张开,鳃具白色不规则片状物,黏液增多,有贫血状	0.2~0.4毫克/升浓度敌百虫、0.1~0.2毫克/升浓度晶体敌百虫加面碱合剂(1:0.6)全池泼洒
水霉病	开春、晚秋	体表菌丝大量繁如絮状,寄生部位充血	2.0%~3.0%食盐浸洗10分钟;400毫克/升食盐、小苏打溶液(1:1)全池泼洒
锚头鳋病	夏、秋季	成虫寄生鱼体皮肤、鳍、鳃等处,大量时引起病鱼焦躁不安、食欲减退、消瘦	10~20毫克/升浓度高锰酸钾浸浴15~30分钟;4~7毫克/升浓度高锰酸钾全池泼洒
出血病	5~8月	鳃盖、鳍基、肠道、肝脾充血,肌肉点状出血,肠道无黏液	主要采用预防措施。发病时1毫克/升漂白粉(28%有效氯)全池泼洒,内服5~10克/千克体重大黄药饵,每天1次,连续投喂5天
赤皮病	春、秋季	体表出血发炎,鳞脱落,鳍基充血,末端腐烂,鳍间组织破坏	生石灰20~30毫克/升或1.0毫克/升漂白粉(28%有效氯)、内服100毫克/千克体重磺胺间甲氧嘧啶药饵,每天1次,连续投喂5天
细菌性肠炎病	夏、秋季	腹部膨大,鳞松弛,肛门红肿,有黄色黏液,有腹水,肠道充血,肠壁无弹性,内充浓液和气泡	生石灰或漂白粉(浓度同上)全池泼洒;内服大蒜10~30克、大蒜素0.2克、土霉素50~80毫克/千克体重药饵,方法同上
细菌性烂鳃病	夏秋季,最适温25~28℃	初始鳃丝肿胀,后体色发黑,鳃丝坏死,黏液增加,严重时鳃丝软骨断裂,鳃瓣前部粘附污物,鳃盖中间腐蚀呈透明小窗	生石灰或漂白粉(浓度同上)2.0~4.0毫克/升五倍子浸泡液全池泼洒;内服新诺明100毫克/千克体重药饵,方法同上

(二)无公害食品　彭泽鲫养殖技术规范

1. 范围

本标准规定了彭泽鲫池塘的产量指标与饲养周期、环境条件、苗种放养、肥料和饲料、饲养管理、鱼病防治。

本标准适用于彭泽鲫的池塘养殖。

2. 规范性引用文件

下列文件中的条款通过本标准的引用而成为本标准的条款。凡是注日期的引用文件,其随后所有的修改单(不包括勘误的内容)或修订版均不适用于本标准。凡是不注日期的引用文件,其最新版本适用于本标准。

GB 11607　渔业水质标准

GB/T 11777–1989　鲢鱼鱼苗、鱼种质量标准

GB/T 11778–1989　鳙鱼鱼苗、鱼种质量标准

NY 5051–2001　无公害食品　淡水养殖用水水质

NY 5071–2002　无公害食品　渔用药物使用准则

NY 5072–2002　无公害食品　渔用配合饲料安全限量

SC/T 1008　池塘常规培育鱼苗鱼种技术规范

3. 术语和定义

(1)鱼苗

鱼受精卵孵化脱膜、卵黄囊消失、鳔冲气、能平游和主动摄食、全长不超过 1.7 厘米的仔鱼。

(2)夏花

鱼苗生长发育至全体鳞片、鳍条长全,外观已具有成体基本特征,全长达 2.7~4.0 厘米的幼鱼。

(3)鱼种

培育夏花鱼至当年 10 月中旬的鱼体。

4. 产量限定

（1）产量指标、饲养周期

池塘净产量≤500千克/亩,其中彭泽鲫净产量≤400千克/亩。

（2）商品规格、商品率

商品规格≥150克/尾。

符合商品规格的食用鱼占总产量的80%以上。

5. 环境条件

（1）场地选择

①水源充足,排灌方便,没有对渔业水质构成威胁的污染源。

②池塘通风向阳,周围无高大遮蔽物。

（2）水质

①水源水质应符合GB 11607之规定，池塘水质应符合NY 5051—2001之规定。

②主要化学、物理因子指标（表1）

③主要生物因子指标（表2）

（3）鱼池要求（表3）

表1　主要化学、物理因子指标

种类	溶解氧（毫克/升）	化学耗氧量（毫克/升）	总氨浓度（毫克/升）	透明度（厘米）	pH值	盐度（‰）
含量	白天平均≥5夜间最低>2	15.0~30.0	0.1~0.5	25.0~35.0	7.0~8.5	0.5~3.0

表2　主要生物因子指标　　（毫克/升）

种类	有益浮游植物	浮游动物	底栖动物
数量	30.0~70.0	5.0~10.0	>0

表3 鱼池要求

鱼池类别	面积 （米²）	水深 （米）	底质要求	淤泥厚度 （厘米）	池塘清整消毒
鱼种池	3334	1.0~1.5	池底平坦，壤土或沙壤土	≤20	鱼入池前15天进行池塘消毒，药物消毒按 SC/T 1008—1994 执行
成鱼池	6667	1.5~2.0			

6. 苗种放养

（1）夏花

鱼苗来源于本地区的良种繁育场，品质纯正，健康无病，规格整齐，且通过检验、检疫。放养模式见表4，放养15天后套养的鲢、鳙鱼其质量应符合 GB/T 11777、GB/T 11778 之规定。禁止搭配鲤、草等上浮争食力强的鱼类。

表4 池塘主养彭泽鲫鱼种放养模式

品种	放养规格	密度 （尾/亩）	养成规格 （克/尾）	预计产量 （千克/亩）
鲫鱼	夏花	8000~12000	≥40	≤320
鲢鱼	夏花	500~800	100	≤80
鳙鱼	夏花	50~80	100	
合计		8500~13000		≤400

（2）鱼种放养

鲫鱼种品质纯正，健康无病，规格整齐，套养鲢、鳙鱼种，其质量应符合 GB/T 11777、GB/T 11778 之规定。禁止搭配鲤、草等上浮争食力强的鱼类。放养模式见表5

7. 肥料和饲料

（1）肥料

鱼苗放养前施用，成鱼一般少而不用。

表5 池塘主养彭泽鲫的鱼种放养模式

品种	放养规格 （克/尾）	密度 （尾/亩）	养成规格 （克/尾）	预计产量 （千克/亩）
彭泽鲫	≥40	1800～2200	125～200	≤300
鲢鱼	100	150	600	≤100
鳙鱼	100	30	650	
合计		2000～2400		≤400

（2）饲料

①鱼种饲料 鲫鱼饲料要求营养全面、粉碎细度高，但需符合 NY5072 之规定，药饵必须符合 NY5071 之规定。鱼种饲料营养成分，粒径大小见表6、表7。

表6 彭泽鲫鱼种饲料基本营养成分范围

项目	粗蛋白 （%）	粗纤维 （%）	粗灰分 （%）	水分 （%）	钙 （%）	磷 （%）
鱼种料	≥40	≤8	≤14	≤12	1.2～1.3	0.7～1.3

表7 彭泽鲫鱼种不同规格与投喂饲料粒径对照表

鲫鱼规格（克/尾）	夏花期	≤5	5～10	10～15	50～100	100～200
饵料粒径（mm）	粉状料	0.5	1.0	1.5	2.0	2.4

②成鱼饲料 应符合 NY 5072 和 NY 5071 之规定，添加生物活性酶可提高饲料的利用率，减轻饲料对水质的污染，基本营养成分，粒径大小见表8、表5。

表8 彭泽鲫成鱼基本营养成分范围

项目	粗蛋白（%）	粗纤维（%）	粗灰分（%）	水分（%）	钙（%）	磷（%）
成鱼料	≥32	≤12	≤12	≤12	10.8～1.3	0.9～1.5

8. 饲养管理

(1)鱼种培育

①施肥、注水 放养前 7~10 天施肥,用量为 150~200 千克/亩,有机肥应发酵腐熟,并用 1.0%~2.0%的生石灰消毒,使用原则应符合 NY/T 394—2000 之规定。施肥 2~3 天后将鱼种池池水加深至 0.5 米,注水要用密网过滤,防止野杂鱼进入。

②日常管理

驯食:夏花下塘后 2 天内不投饵,使其产生饥饿感,同时用 0.7 毫克/千克硫酸铜和硫酸亚铁合剂(5:2)全池泼洒,尽可能杀灭池中的天然饵料,迫使彭泽鲫主动摄食人工饵料。

饵料投喂:驯养成功后,要坚持定点、定时、保质、保量。在 6 月份每天 5~6 次;7~8 月份要可减少到 4~5 次;9~10 月份 3~4 次。日投喂量依据鱼体大小、水温、水质具体掌握,夏花阶段日投饵率可达 12%左右。

培育期内每 7~10 天注水 1 次,使池水最后阶段达到 1.0~1.5 米。

(2)成鱼饲养

日常管理 制定具体的投喂计划。定量要根据天气、水温、水质等状况具体掌握,日投饵量按放养鱼种体重的 1.6%~3.5%来投喂,每天 4 次;9~10 月份可降到 3 次。

7~9 月平均每半月注水 10 厘米左右,水深保持 1.5~2.0 米。

根据监测水质情况投放沸石粉或光合细菌,确保水质肥、活、嫩、爽。

(三)无公害食品　池塘主养团头鲂技术规范

本规范规定了在宁夏池塘养殖团头鲂的环境条件、苗种培育、成鱼养殖、放养模式、饲养管理、饲料使用和病害防治等技术。

1. 品种介绍

团头鲂,俗名武昌鱼、鳊鱼。属鲤形目鲤科鲂属。团头鲂头小、体扁而高、外形呈菱形。团头鲂原是湖北省武昌地区的特产鱼类,因其肉味鲜美而享有盛誉,并具有抗病力强、生长快、易捕捞、经济价值高等特点,而在全国推广养殖,是宁夏养殖的优良品种之一。

2. 规范性引用文件

GB 11607　渔业水质标准

GB/T 10030　团头鲂鱼苗、鱼种质量标准

GB/T 11777　鲢鱼鱼苗、鱼种质量标准

GB/T 11778　鳙鱼鱼苗、鱼种质量标准

NY/T 394　绿色食品　肥料使用准则

SC/T 1008　池塘常规培育鱼苗鱼种技术规范

NY 5051　无公害食品　淡水养殖用水水质

NY 5071　无公害食品　渔用药物使用准则

NY 5072　无公害食品　渔用配合饲料安全限量

3. 环境条件

(1)水源

水源无污染,水质标准符合 GB 11607 渔业水质标准要求,池塘注排水方便。

(2)主要化学、物理因子指标(表1)

(3)主要生物因子指标(表2)

(4)池塘、面积、水深、朝向、形状

池塘面积 5~10 亩。池塘水深要求达到 1.0~2.0 米。池塘长方形、东西朝向。

(5)池塘底质

表1　主要化学、物理因子指标

种类	溶解氧（毫克/升）	化学耗氧量（毫克/升）	有效氮（毫克/升）	透明度（厘米）	pH 值	盐度（‰）
含量	白天平均≥5.0 夜间最低 >2.0	15.0~30.0	0.1~0.5	25.0~35.0	7.0~8.5	0.5~3.0

表2　主要生物因子指标　　　　　　　　　　（毫克/升）

种类	浮游植物	浮游动物	底栖动物
数量	30.0~70.0	5.0~10.0	>0

要求池堤坚固、池底平整、不渗漏，易拉网操作，淤泥厚度小于 20 厘米。

（6）电力及配套设备

电力供应大于 0.6 千瓦/亩，每 5~10 亩池塘配备 3 千瓦叶轮式增氧机 1~2 台。

4. 池塘清整

（1）清塘

清塘用药必须符合 SC/T 1008 标准规定。

推荐以生石灰或氯制剂干法消毒，杀灭病菌及野杂鱼。用量为生石灰每亩 60~70 千克，或三氯乙氰尿酸 1.5 千克/亩。

（2）池塘淤泥控制在 20 厘米以下

对淤泥较厚（20 厘米）的池塘，要清除过多的淤泥。

5. 产量限定

（1）产量指标、饲养周期

净产量≤500 千克/亩，其中团头鲂净产量≤400 千克/亩。

饲养周期为 2~3 年。

（2）商品规格、商品率

商品规格≥650克/尾，符合商品规格的食用鱼占总产量的80%以上。

6. 苗种放养

(1)鱼苗、夏花放养

鱼苗、夏花的质量应符合 GB/T 10030—1998 之规定。放养应符合 SC/T 1008—1994 之规定，时间为 5 月中、下旬左右；鱼苗放养密度为 120~150 尾/米²；夏花放养密度为 8000~12000 尾/亩，放养 10~15 天后套养鲢鱼夏花 500~800 尾/亩，鳙鱼夏花 50~80 尾/亩。鲢、鳙鱼苗种质量符合 GB/T 11777—1989、GB/T 11778—1989 之规定。

(2)一龄鱼种放养

一龄鱼种的质量应符合 GB/T 10030—1988 之规定。规格为 30 克/尾，密度 2500~3000 尾/亩，并套养鲢鱼夏花 500~800 尾/亩，鳙鱼夏花 50~80 尾/亩，其质量应符合 GB/T 11777—1989、GB/T 11778—1989 之规定。

(3)大规格鱼种放养

鱼种质量符合 GB/T 10030—1998 之规定。秋放在 10 月份进行，春放在 3~4 月份进行，一次放足。规格 150~200 克/尾，密度 600~800 尾/亩，并套养规格 100 克/尾、鲢鱼 150 尾/亩、鳙鱼 30 尾/亩，其质量应符合 GB/T 11777—1989、GB/T 11778—1989 之规定。

7. 肥料

(1)肥料

鱼苗放养前施用，成鱼一般少用或不用。

(2)饲料

①配合饲料应符合 NY 5072—2002 之规定。

②成鱼饲料蛋白质含量要求 28%~32%，鱼种饲料蛋白质含量为 30%~33%，饲料中各营养成分平衡。

③饲料中需添加 10%~15%细苜蓿粉(或用玉米胚芽代替)。

④饲料脂肪含量≤5%，水分含量≤13%。

8. 饲养管理

(1)鱼种培养

①施肥、注水 鱼苗、夏花投放前 7~10 天施肥,用量 200~250 千克/亩,有机肥应经发酵腐熟,并用 1.0%~2.0%的生石灰消毒,使用原则应符合 NY/T 394—2000 之规定。施肥 2~3 天后将鱼种池池水加深至 0.5 米。

②日常管理 鱼苗入池后,使用黄豆 2~3 千克/天·亩,分 2~3 次磨成豆浆,滤去豆渣后全池泼洒。一周后黄豆增至 3~4 千克/天·亩,培育 10 天后需加泼洒 1 次。培育至夏花时进行分塘。

夏花规格阶段进行人工驯化,时间为 10 天左右,每 5 天为一个培育阶段,每次驯化时间 40~60 分钟为宜,使其逐渐形成集群摄食行为。驯化后配合饲料投喂量根据情况掌握,饲养前期每天投喂 4~5 次,后期每天投喂 3~4 次,每次投喂 40~60 分钟为宜。

培育期内每 5~7 天注水 1 次,使池水在最后阶段达 1.0~1.5 米。

(2)成鱼饲养

①日常管理 投喂全价饲料,做到早开食、晚停食。制定具体投喂计划,实行"四定":定时、定位、定质、定量。定量要根据天气、水温、水质等状况具体掌握,日投饲率为鱼体体重的 3%~5%,饲养前期每天投喂 4~5 次,后期 3~4 次。

平时每月注水 1~3 次,6~8 月每月注水 3~6 次,每次加 10 厘米左右。水深保持 1.5~2.0 米。

定期用生石灰浆全池泼洒,用量为 15~25 千克/亩。平时每月 1~2 次,7~8 月每月 2~3 次。

②机械配置及使用 常用机械为自动投饵机和增氧机。

根据池塘面积和载鱼量配置自动投饵机。

每亩配备 3 千瓦增氧机 1 台。根据池水溶氧状况,6~9 月每天晴天中午开机 1~2 小时,鱼类浮头时应及时开机。傍晚一般不宜开机,但池水溶氧小于 3 毫克/升时应通夜开机。

(3)越冬管理

①越冬密度 压塘成鱼和鱼种的越冬密度一般为 0.3~0.6 千克/米³,根据池塘情况可作适当调整。

②越冬鱼体质要求 鱼体应无病无伤,肥满健壮。

③越冬方法 越冬池塘应比较干净,冰下水深保持在 1.5 米左右,分规格并塘。冰封前每公顷用 90% 的晶体敌百虫 1.5~3.0 千克全池泼洒。池水浮游植物量保持 25~50 毫克/升。

保持水面透光性,打冰眼,观察水质及鱼的状况。

9. 鱼病防治

(1)鱼病防治

鱼病防治以预防为主,一般措施为在鱼苗、鱼种拉网、筛选、运输过程中应操作细心,严防鱼体受伤;鱼苗、鱼种下塘前,用不着 2.0%~4.0% 的盐水浸洗 5 分钟进行消毒;鱼苗、鱼种下塘后,90% 晶体敌百虫全池泼洒 1 次,使池水呈 0.3~0.5 毫克/升浓度。10~15 天后按 1 克/米^3(28% 有效氯)浓度漂白粉全池泼洒 1 次;高温季节,饲料中按每千克鱼体重每日拌入 5 克大蒜头,连续投喂 6 天;高温季节,每月用漂白粉挂篓,或硫酸铜、硫酸亚铁合剂挂袋法进行食场消毒;鱼病流行季节,每月用漂白粉(28% 有效氯)全池泼洒 1 次,使池水呈 1.0 毫克/升浓度;定期使微生物制剂调控水质,提高鱼体免疫力;死鱼应及时捞出,埋入土中;病鱼池中使用过的渔具要使用盐水或高锰酸钾溶液浸洗消毒。

(四)无公害食品 鲤鱼池塘养殖技术规范

1. 范围

本标准规定了鲤鱼池塘养殖的产量指标、饲养周期、环境条件、苗种放养、肥料和饲料、饲养管理、鱼病防治。

本标准适用于鲤鱼的池塘养殖。

2. 规范性引用文件

下列文件中的条款通过本标准的引用而成为本标准的条款。凡是注日期的引用文件,其随后所有的修改单(不包括勘误的内容)或修订版均不适用于本标准。凡是不注日期的引用文件,其最新版本适用于本标准。

GB 11607　　渔业水质标准

NY/T 394—2000　　绿色食品　肥料使用准则

NY 5051—2001　　无公害食品　淡水养殖用水水质

NY 5071—2002　　无公害食品　渔用药物使用准则

NY 5072—2002　　无公害食品　渔用配合饲料安全限量

SC/T 1008—1994　　池塘常规培育鱼苗鱼种技术规范

3. 术语和定义

(1)鱼苗

鱼受精卵孵化脱膜、卵黄囊消失、鳔充气、能平游和主动摄食、全长不超过 1.7 厘米的仔鱼。

(2)夏花

鱼苗生长发育至全体鳞片、鳍条长全,外观已具有成体基本特征、全长达到 2.7~4.0 厘米的细幼苗。

(3)一龄鱼种

培育夏花至当年 10 月份的鱼体。

4. 产量限定

(1)产量指标、饲养周期

池塘净产量不大于 500 千克/亩, 其中草鱼净产量不大于 400 千克/亩,饲养周期为 2 年。

(2)商品规格、商品率

鲤鱼商品规格不小于 750 克/尾。

符合商品规格的食用鱼占总产量的 90%以上。

5. 环境条件

(1)场地选择

①水源充足,排灌方便。没有对渔业水质构成威胁的污染水源。

②池塘通风向阳,周围无高大遮蔽物。

(2)水质

①水源水质应符合 GB 11607 之规定。池塘水质应符合 NY 5051—2001 之规定。

②主要化学、物理因子指标(表 1)

表 1   主要化学、物理因子指标

种类	化学耗氧量（毫克/升）	总氨浓度（毫克/升）	透明度厘米	pH 值	解氧（毫克/升）	盐度（‰）
含量	0.5~3.0	0.1~0.5	20~25	7.0~8.5	白天平均≥5.0夜间最低>2.0	0.5~3.0

③主要生物因子指标(表 2)

(3)鱼池要求

6. 苗种放养

(1)夏花放养

夏花来源于本地区良种繁殖场,经检验、检疫,品质纯正,健康无病,规格整齐。放养应符合 SC/T 1008—1994 之规定,时间为 5 月上、中旬;夏花放养密度为 5000~8000 尾/亩,10~15 天后套养的鲢鱼夏花 500~800 尾/亩、鳙鱼夏花 50~80 尾/亩, 其质量符合 GB/T 11777—1989、GB/T 11778—1989 之规定。

表2　主要生物因子指标　（毫克/升）

种类	有益浮游植物	浮游动物	底栖动物
数量	30.0～70.0	5.0～10.0	>0

表3　鱼池要求

鱼池类别	面积（公顷）	水深（米）	底质要求	淤泥厚（厘米）	池塘清整消毒
鱼种池	0.33	1.0～1.5	池底平坦，壤土或沙壤土	≤20	池塘消毒按SC/T 1008—1994执行
成鱼池	0.67～1.33	1.5～2.0			

（2）一龄鱼种放养

选择品质纯正、健康无病,规格整齐的1龄鱼种。秋放在10月份进行，春放在3~4月进行;1次放足，规格为75~100克/尾，密度为500~800尾/亩;套养鲢鱼鱼种，规格为100~150克/尾,密度为120尾/亩;鳙鱼鱼种,规格为100~150克/尾,密度为30尾/亩,其质量应符合GB/T 11777—1989、GB/T 11778—1989之规定。

7. 肥料和饲料

（1）肥料

鱼苗放养前施用,成鱼一般少用或不用。

（2）饲料

①配合饲料应符合 NY 5072—2002 之规定。

②配合饲料营养成分指标要求见表4。

8. 饲养管理

（1）鱼种培养

①施肥、注水　鱼苗、夏花放养前 7~10 天施肥,用量为 200~250千克/亩,有机肥应经发酵腐熟,并用 1.0%~2.0%的生石灰消毒,使用原则应符合 NY/T 394—2000 之规定。施肥 2~3 天后将鱼种池池水加深至 50 厘米。

表4　配合饲料营养成分

名称	适宜规格	粗蛋白	脂肪	粗纤维	灰分	钙	总磷	无机盐	赖氨酸
前期	≤50克/尾	≥34	≥6.0	≤5.0	≤15.0	0.8~2.0	≥1.1	≤1.8	≥2.5
中期	50~300克/尾	≥32	≥5.0	≤8.0	≤15.0	0.8~2.0	≥1.0	≤1.8	≥2.2
后期	300克/尾	≥30	≥4.0	≤10.0	≤15.0	0.8~2.0	≥0.9	≤1.8	≥1.8

②日常管理　鱼苗入池后,使用黄豆2~3千克/天·亩,分2~3次磨成豆浆,滤去豆渣后全池泼洒。1周后黄豆增至3~4千克/天·亩,培育10天后需加泼1次,培育至夏花时分塘。

夏花阶段开始进行人工驯化,时间为10天左右,每5天为1个驯养周期,每次驯化时间40~60分钟左右,使其逐步形成集群摄食行为。驯化成功后,以优质配合饲料进行投喂。培育期内每7~10天注水1次,最后池水深度在1.0~1.5米。

(2)成鱼饲养

①日常管理　以配合饲料投喂为主,做到早开食、晚停食。制定具体投喂计划,实行四定投饵:定时、定位、定质、定量,并根据天气、水温、水质等状况具体掌握,以鱼吃至八成饱为宜。日投饵率为鱼体重的3%~5%,饲养前期每天投喂4~5次,后期3次。

平时每月注水1~3次,6~8月每月注水3次左右,每次加水深度为10厘米,水深保持在1.5~2.0米。

定期用生石灰浆全池泼洒,用量为15~25千克/亩,平时每月1~2次,7~8月酌情增加。

②机械配置及使用　常用机械为自动投饵机和增氧机。

500千克/亩以上产量的池塘应配备增氧机,每10亩配备3千瓦增氧机一台。根据池水溶氧状况,结合三开两不开原则适时给池水增氧。池水溶氧小于 3 毫克/升时应通夜开机。

(3)越冬管理

①越冬密度　压塘成鱼和鱼种的越冬一般为 0.3~0.6 千克/米³，根据池塘情况可作适当调整。

②越冬鱼体要求　鱼体应无病无伤，肥满健壮。

③越冬方法　越冬池塘应比较干净，冰下水深保持在 1.5 米左右，分规格并塘。冰封前每公顷用 90% 的晶体敌百虫 1.5~3.0 千克全池泼洒。

池水浮游植物量应保持在 25~50 毫克/升。

保持水面透光性，应及时扫除冰面上的积雪，打冰眼观察水质及鱼的活动状况。

9. 鱼病防治

(1)鱼病预防

鱼病以预防为主，一般措施为：①在鱼苗、鱼种拉网、筛选、运输过程中应操作细心，严防鱼体受伤；②鱼苗、鱼种入塘前，用 2.0%~4.0% 的盐水浸洗 5 分钟进行消毒；③高温季节，饲料中按每千克鱼体重每日拌入 5 克大蒜，连续投喂 6 天；④高温季节，每月用漂白粉挂篓，或硫酸铜、硫酸亚铁合剂挂袋法进行食场消毒；⑤定期使用微生物制剂，调控水质，提高鱼体免疫力；死鱼应及时捞出，埋入土中。

附录Ⅰ 无公害食品 渔用配合饲料安全限量

1. 范围

本标准规定了渔用配合饲料安全限量的要求、试验方法、检验规则。

本标准适用于渔用配合饲料的成品,其他形式的渔用饲料可参照执行。

2. 规范性引用文件

下列文件中的条款通过本标准的引用而成为本标准的条款。凡是注日期的引用文件,其随后所有的修改单(不包括勘误的内容)或修订版均不适用于本标准,然而,鼓励根据本标准达成协议的各方研究是否可使用这些文件的最新版本。凡是不注日期的引用文件,其最新版本适用于本标准。

GB/T 5009.45—1996 水产品卫生标准的分析方法

GB/T 8381—1987 饲料中黄曲霉素 B1 的测定

GB/T 9675—1988 海产食品中多氯联苯的测定方法

GB/T 13080—1991 饲料中铅的测定方法

GB/T 13081—1991 饲料中汞的测定方法

GB/T 13082—1991 饲料中镉的测定方法

GB/T 13083—1991 饲料中氟的测定方法

GB/T 13084—1991 饲料中氰化物的测定方法

GB/T 13086—1991 饲料中游离棉酚的测定方法

GB/T 13087—1991 饲料中异硫氰酸酯的测定方法

GB/T 13088—1991 饲料中铬的测定方法

GB/T 13089—1991　饲料中噁唑烷硫酮的测定方法

GB/T 13090—1999　饲料中六六六、滴滴涕的测定方法

GB/T 13091—1991　饲料中沙门氏菌的检验方法

GB/T 13092—1991　饲料中霉菌的检验方法

GB/T 14699.1—1993　饲料采样方法

GB/T 17480—1998　饲料中黄曲霉毒素 B1 的测定　酶联免疫吸附法

NY 5071　无公害食品　渔用药物使用准则

SC 3501—1996　鱼粉

SC/T 3502　鱼油

《饲料药物添加剂使用规范》[中华人民共和国农业部公告(2001)第 168 号]

《禁止在饲料和动物饮用水中使用的药物品种目录》[中华人民共和国农业部公告(2002)第 176 号]

《食品动物禁用的兽药及其他化合物清单》[中华人民共和国农业部公告(2002)第 193 号]

3. 要求

(1)原料要求

①加工渔用饲料所用原料应符合各类原料标准的规定,不得使用受潮、发霉、生虫、腐败变质及受到石油、农药、有害金属等污染的原料。

②皮革粉应经过脱铬、脱毒处理。

③大豆原料应经过破坏蛋白酶抑制因子的处理。

④鱼粉的质量应符合 SC 3501 的规定。

⑤鱼油的质量应符合 SC/T 3502 中二级精制鱼油的要求。

⑥使用的药物添加剂种类及用量应符合 NY 5071、《饲料药物添加剂使用规范》、《禁止在饲料和动物饮用水中使用的药物品种目录》、《食品动物禁用的兽药及其他化合物清单》的规定;若有新的公告发布,按新规定执行。

（2）安全指标

渔用配合饲料的安全指标限量应符合下表规定

项目	限量	适用范围
铅(以 Pb 计)/(毫克/千克)	≤5.0	各类渔用配合饲料
汞(以 Hg 计)/(毫克/千克)	≤0.5	各类渔用配合饲料
无机砷(以 As 计)/(毫克/千克)	≤3	各类渔用配合饲料
镉(以 Cd 计)/(毫克/千克)	≤3	海水鱼类、虾类配合饲料
	≤0.5	其他渔用配合饲料
铬(以 Cr 计)/(毫克/千克)	≤10	各类渔用配合饲料
氟(以 F 计)/(毫克/千克)	≤350	各类渔用配合饲料
游离棉酚/(毫克/千克)	≤300	温水杂食性鱼类、虾类配合饲料
	≤150	冷水性鱼类、海水鱼类配合饲料
氰化物/(毫克/千克)	≤50	各类渔用配合饲料
多氯联苯/(毫克/千克)	≤0.3	各类渔用配合饲料
异硫氰酸酯/(毫克/千克)	≤500	各类渔用配合饲料
噁唑烷硫酮/(毫克/千克)	≤500	各类渔用配合饲料
油脂酸价(KOH)/(毫克/克)	≤2	渔用育苗配合饲料
	≤6	渔用育成配合饲料
	≤3	鳗鲡育成配合饲料
黄曲霉毒素 B1/(毫克/千克)	≤0.01	各类渔用配合饲料
六六六/(毫克/千克)	≤0.3	各类渔用配合饲料
滴滴涕/(毫克/千克)	≤0.2	各类渔用配合饲料
沙门氏菌/(cfu/25 克)	不得检出	各类渔用配合饲料
霉菌/(cfu/克)	≤3×10^4	各类渔用配合饲料

4. 检验方法

（1）铅的测定

按 GB/T 13080—1991 规定进行。

（2）汞的测定

按 GB/T 13081—1991 规定进行。

(3)无机砷的测定

按 GB/T 5009.45—1996 规定进行。

(4)镉的测定

按 GB/T 13082—1991 规定进行。

(5)铬的测定

按 GB/T 13088—1991 规定进行。

(6)氟的测定

按 GB/T 13083—1991 规定进行。

(7)游离棉酚的测定

按 GB/T 13086—1991 规定进行。

(8)氰化物的测定

按 GB/T 13084—1991 规定进行。

(9)多氯联苯的测定

按 GB/T 9675—1988 规定进行。

(10)异硫氰酸酯的测定

按 GB/T 13087—1991 规定进行。

(11)噁唑烷硫酮的测定

按 GB/T 13089—1991 规定进行。

(12)油脂酸价的测定

按 SC 3501—1996 规定进行。

(13)黄曲霉毒素 B1 的测定

按 GB/T 8381—1987、GB/T 17480—1998 规定进行，其中 GB/T 8381—1987 为仲裁方法。

(14)六六六、滴滴涕的测定

按 GB/T 13090—1991 规定进行。

(15)沙门氏菌的检验

按 GB/T 13091—1991 规定进行。

(16)霉菌的检验

按 GB/T 13092—1991 规定进行,注意计数时不应计入酵母菌。

5. 检验规则

(1)组批

以生产企业中每天(班)生产的成品为一检验批,按批号抽样。在销售者或用户处按产品出厂包装的标示批号抽样。

(2)抽样

渔用配合饲料产品的抽样按 GB/T 14699.1—1993 规定执行。

批量在 1 吨以下时,按其袋数的四分之一抽取。批量在 1 吨以上时,抽样袋数不少于 10 袋。沿堆积立面以"×"形或"W"型对各袋抽取。产品未堆垛时应在各部位随机抽取,样品抽取时一般应用钢管或铜制管制成的槽形取样器。由各袋取出的样品应充分混匀后按四分法分别留样。每批饲料的检验用样品不少于 500 克。另有同样数量的样品作留样备查。

作为抽样应有记录,内容包括:样品名称、型号、抽样时间、地点、产品批号、抽样数量、抽样人签字等。

(3)判定

①渔用配合饲料中所检的各项安全指标均应符合标准要求。

②所检安全指标中有一项不符合标准规定时,允许加倍抽样将此项指标复验一次,按复验结果判定本批产品是否合格。经复检后所检指标仍不合格的产品则判为不合格品。

附录Ⅱ　无公害食品　淡水养殖用水水质

1. 范围

本标准规定了淡水养殖用水水质要求、测定方法、检验规则和结果判定。

本标准适用于淡水养殖用水。

2. 规范性引用文件

下列文件中的条款通过本标准的引用而成为本标准的条款。凡是注日期的引用文件,其随后所有的修改单(不包括勘误的内容)或修订版均不适用于本标准,然而,鼓励根据本标准达成协议的各方研究是否可使用这些文件的最新版本。凡是不注日期的引用文件,其最新版本适用于本标准。

GB/T 5750　生活饮用水标准检验法

GB/T 7466　水质　总铬的测定

GB/T 7468　水质　总汞的测定　冷原子吸收分光光度法

GB/T 7469　水质　总汞的测定　高锰酸钾-过硫酸钾消解法双硫腙分光光度法

GB/T 7170　水质　铅的测定　双硫腙分光光度法

GB/T 7471　水质　镉的测定　双硫腙分光光度法

GB/T 7,172　水质　锌的测定　双硫腙分光光度法

GB/T 7473　水质　铜的测定　2,9-二甲基-1,10-菲哆啉分光光度法

GB/T 7474　水质　铜的测定　二乙基二硫代氨基甲酸钠分光光度法

GB/T 7475　水质　铜、锌、铅、镉的测定　原子吸收分光光度法

GB/T 7482　水质　氟化物的测定　茜素磺酸锆目视比色法

GB/T 7483　水质　氟化物的测定　氟试剂分光光度法

GB/T 7184　水质　氟化物的测定　离子选择电极法

GB/T 7485　水质　总砷的测定　二乙基二硫代氨基甲酸银分光光度法

GB/T 7490　水质　挥发酚的测定　蒸馏后 4-氨基安替比林分光光度法

GB/T 7491　水质　挥发酚的测定　蒸馏后溴化容量法

GB/T 7492　水质　六六六、滴滴涕的测定　气相色谱法

GB/T 8538　饮用天然矿泉水检验方法

GB 11607　渔业水质标准

GB/T 12997　水质　采样方案设计技术规定

GB/T 12998　水质　采样技术指导

GB/T 12999　水质采样　样品的保存和管理技术规定

GB/T 13192　水质　有机磷农药的测定　气相色谱法

GB/T 16488　水质　石油类和动植物油的测定　红外光度法

水和废水监测分析方法

3. 要求

(1)淡水养殖水源应符合 GB 11607 规定。

(2)淡水养殖用水水质应符合表 1 要求。

4. 测定方法

淡水养殖用水水质测定方法见表 2。

5. 检验规则

检测样品的采集、贮存、运输和处理按 GB/T 12997、GB/T 12998 和 GB/T 12999 的规定执行。

6. 结果判定

本标准采用单项判定法,所列指标单项超标,判定为不合格。

表1 淡水养殖用水水质要求

序号	项目	标准值
1	色、臭、味	不得使养殖水体带有异色、异臭、异味
2	总大肠菌群,个/升	≤5000
3	汞,毫克/升	≤0.0005
4	镉,毫克/升	≤0.005
5	铅,毫克/升	≤0.05
6	铬,毫克/升	≤0.1
7	铜,毫克/升	≤0.01
8	锌,毫克/升	≤0.1
9	砷,毫克/升	≤0.05
10	氟化物,毫克/升	≤1
11	石油类,毫克/升	≤0.05
12	挥发性酚,毫克/升	≤0.005
13	甲基对硫磷,毫克/升	≤0.000
14	马拉硫磷,毫克/升	≤0.005
15	乐果,毫克/升	≤0.1
16	六六六(丙体),毫克/升	≤0.002
17	滴滴涕,毫克/升	≤0.001

表2 淡水养殖用水水质测定方法

序号	项目	测定方法			测试方法标准编号	检测下限（毫克/升）
1	色、臭、味	感官法			GB/T 5750	—
2	总大肠菌群	(1) 多管发酵法			GB/T 5750	—
		(2) 滤膜法				
3	汞	(1) 原子荧光度法			GB/T 8538	0.00005
		(2) 冷原子吸收分光光度法			GB/T 7468	0.00005
		(3) 高锰酸钾－过硫酸钾消解 双硫腙分光光度			GB/T 7469	0.002
4	镉	(1) 原子吸收分光光度法			GB/T 7475	0.001
		(2) 双硫腙分光光度法			GB/T 7471	0.001
5	铅	(1) 原子吸收分光光度法	螯合萃取法		GB/T 7475	0.01
			直接法			0.2
		(2) 双硫腙分光光度法			GB/T 7470	0.01
6	铬	二苯碳二肼分光光度法（高锰酸盐氧化法）			GB/T 7466	0.004

续表

序号	项目	测定方法		测试方法标准编号	检测下限 （毫克/升）
7	砷	（1）原子荧光光度法		GB/T 8538	0.0004
		（2）二乙基二硫代氨基甲酸银分光光度法		GB/T 7485	0.007
8	铜	（1）原子吸收分光光度法	螯合萃取法	GB/T 7475	0.001
			直接法		0.05
		（2）二乙基二硫代氨基甲酸钠分光光度法		GB/T 7474	0.010
		（3）2,9-二甲基-1,10-菲哆啉分光光度法		GB/T 7473	0.06
9	锌	（1）原子吸收分光光度法		GB/T 7475	0.05
		（2）双硫腙分光光度法		GB/T 7472	0.005
10	氟化物	（1）茜素磺酸锆目视比色法		GB/T 7483	0.05
		（2）氟试剂分光光度法		GB/T 7484	0.05
		（3）离子选择电极法		GB/T 7482	0.05

续表

序号	项目	测定方法	测试方法标准编号	检测下限（毫克/升）
11	石油类	（1）红外分光光度法	GB/T 16488	0.01
		（2）非分散红外光度法		0.02
		（3）紫外分光光度法	《水和废水监测分析方法》（国家环保局）	0.05
12	挥发酚	（1）蒸馏后4－氨基安替吡啉分光光度	GB/T 7490	0.002
		（2）蒸馏后溴化容量法	GB/T 7491	—
13	甲基对硫磷	气相色谱法	GB/T 13192	0.000 4
14	马拉硫磷	气相色谱法	GB/T 13192	0.000 6
15	乐果	气相色谱法	GB/T 13192	0.000 5
16	六六六	气相色谱法	GB/T 7492	0.000 04
17	滴滴涕	气相色谱法	GB/T 7492	0.000 2

注：对同一项目有两个或两个以上测定方法的，当对测定结果有异议时，方法（1）为仲裁测定执行

附录Ⅲ　无公害食品　渔用药物使用准则
(NY 5071-2001)

1. 范围

本标准规定了渔用药物使用的基本原则、使用方法与禁用药。

本标准适用于水产增养殖中的管理及病害防治中的渔药使用。

2. 规范性引用文件

下列文件中的条款通过本标准的引用而成为本标准的条款。凡是注日期的引用文件,其随后所有的修改单(不包括勘误的内容)或修订版均不适用于本标准。然而,鼓励根据本标准达成协议的各方研究是否可使用这些文件的最新版本。凡是不注日期的引用文件,其最新版本适用于本标准。

GB 11607　渔业水质标准

NY 5070　无公害食品　水产品中渔药残留限量

NY 5072　无公害食品　渔用配合饲料安全限量

3. 术语和定义

下列术语和定义适用于本标准。

(1)渔药

用以预防、控制和治疗水产动植物的病、虫、害,促进养殖品种健康生长,增强机体抗病能力以及改善养殖水体质量所使用的一切物质。

(2)休药期

最后停止给药日至水产品作为食品上市出售的最短时间。

4. 渔药使用基本原则

(1)水生动物增养殖过程中对病害的防治,坚持"全面预防,积极治疗"的方针,强调"以防为主、防重于治,防、治结合"的原则。

(2)渔药的使用应严格遵循国务院、农业部有关规定,严禁使用未经取得生产许可证、批准文号、生产执行标准的渔药。

(3)在水产动物病害防治中,推广使用高效、低毒、低残留渔药,建议使用生物渔药、生物制品。

(4)病害发生时应对症用药,防止滥用渔药与盲目增大用药量或增加用药次数、延长用药时间。常用渔药及使用方法参见附录 A。

(5)食用鱼上市前,应有休药期。休药期的长短应确保上市水产品的药物残留量必须符合 NY 5070 要求。常用渔药休药期参见附录 B。

(6)水产饲料中药物的添加应符合 NY 5072 要求,不得选用国家规定禁止使用的药物或添加剂,也不得在饲料中长期添加抗菌药物。

5. 禁用渔药

严禁使用高毒、高残留或具有三致毒性(致癌、致畸、致突变)的渔药。禁用渔药见附录 C。

附 A

常用渔药及使用方法

A.1 水产增养殖中常用的外用渔药及使用方法

水产增养殖中常用的外用渔药及使用方法见表 A.1。

A.2 水产增养殖中常用内服渔药及使用方法

水产增养殖中常用内服渔药及使用方法见表 A.2

表 A.1　常用的外用渔药及使用方法

序号	药物名称	使用方法	主要防治对象	常规用量毫克/升或毫克/米³
1	硫酸铜（蓝矾、胆矾、石胆）	浸浴	纤毛虫、鞭毛虫等寄生性原虫病	淡水:8～10（15～30分钟）
		全池泼洒	纤毛虫、鞭毛虫等寄生性原虫病	淡水:0.5～0.7,海水:1.0
2	甲醛（福尔马林）	浸浴	纤毛虫、鞭毛虫、贝尼登虫等寄生性原虫病	淡水:100(0.5～3.0小时) 海水:250～500(10～20分钟)
		全池泼洒	纤毛虫病、水霉病、细菌性鳃病等	10～30
3	敌百虫（90%晶体）	全池泼洒	甲壳类、蠕虫等寄生性鱼病	0.3～0.5
4	漂白粉	全池泼洒	微生物疾病:如皮肤溃疡病、烂鳃病、出血病等	1.0～2.0
5	二氯异氰尿酸钠（有效氯55%以上）	全池泼洒	微生物疾病:如皮肤溃疡病、烂鳃病、出血病等	0.3～0.6
6	三氯异氰尿酸（有效氯80%以上）	全池泼洒	微生物疾病:如皮肤溃疡病、烂鳃病、出血病等	0.1～0.5
7	二氧化氯	全池泼洒	微生物疾病:如皮肤溃疡病、烂鳃病、出血病等	0.1～0.5
8	聚维酮碘（含有效碘1.0%）	浸浴	预防病毒病:如草鱼出血病,传染性胰脏坏死病,传染性造血组织坏死病,病毒性出血败血症等	草鱼种:30(15～30分钟) 鱼卵:30～50(5～15分钟) 鲑鳟幼鱼,幼虾:0.5～1.0 成鱼,虾:1.0～2.0,鳗鲡、中华鳖:2.0～4.0
		全池泼洒	细菌性烂鳃病、弧菌病、鳗鲡红头病、中华鳖腐皮病等	成鱼,鳗鲡、中华鳖:2.0

注:本表所推荐的常规用量,是指养殖水温在20～30℃,水质为中度硬水（总硬度50～90毫克/升水体）中性;其余指标达 GB 11607 渔药用量,水质为中性,酸碱度为

表 A.2 常用内服渔药及使用方法

序号	药物名称	主要防治对象	常规用量(按体重计)毫克/升(千克·天)	使用时间(天)
1	土霉素	肠炎病、弧菌病等	50~80	6~10
2	四环素	肠炎病及由立克次体或支原体所引起的疾病	75~100	6~10
3	红霉素	细菌性鳃病、白头白嘴病、链球菌病、对虾肠道细菌病、贝类幼体面盘解体病等	50	5~7
4	诺氟沙星	细菌性败血病、肠炎病、溃疡病等	20~50	3
5	盐酸环丙沙星	鳗鱼细菌性烂鳃病、烂尾病、弧菌病、爱德华氏菌病等	15~20	5~7
6	磺胺嘧啶	赤皮病、肠炎病、链球菌病、鳗鱼弧菌病等	100	5
7	磺胺甲基异噁唑	肠炎病、牛蛙爱德华氏菌病	100~200	5~7
8	磺胺间甲氧嘧啶	竖鳞病、赤皮病、弧菌病	50~200	4~6
9	磺胺二甲异噁唑	弧菌病、竖鳞病、疖疮病、烂鳃病等	200~500	4~6
10	磺胺间二甲氧嘧啶	肠炎病、赤皮病	2~200	3~6
11	呋喃唑酮(痢特灵)	烂鳃病、肠炎病、细菌性出血病、白头白嘴病等	20~60	5~7

注:磺胺类药物需与甲氧苄氨嘧啶(TMP)同时使用,并且第一天药量加倍

附 B　　（资料性附录）

常用渔药休药期

表 B.1　常用渔药休药期

序 号	药物名称	停药期(天)	适用对象
1	敌百虫(9% 晶体)	≥10	鲤科鱼类、鳗鲡、中华鳖、蛙类等
2	漂白粉	≥5	鲤科鱼类、中华鳖、蛙类、蟹、虾等
3	二氯异氰尿酸钠（有效氯 55%）	≥7	鲤科鱼类、中华鳖、蛙类、蟹、虾等
4	三氯异氰尿酸（有效氯 80% 以上）	≥7	鲤科鱼类、中华鳖、蛙类、蟹、虾等
5	土霉素	≥30	鲤科鱼类、中华鳖、蛙类、蟹、虾等
6	磺胺间甲氧嘧啶及其钠盐	≥30	鲤科鱼类、中华鳖、蛙类、蟹、虾等
7	磺胺间甲氧嘧啶及磺胺增效剂的配合剂	≥30	鲤科鱼类、中华鳖、蛙类、蟹、虾等
8	磺胺间二甲氧嘧啶	≥42	虹鳟鲤科鱼类、中华鳖、蛙类、蟹、虾等

附 C （规范性附录）
禁用渔药

表 C.1 禁用渔药

名称	禁用原因
硝酸亚汞	毒性大,易造成蓄积,对人危害大
醋酸汞	毒性大,易造成蓄积,对人危害大
孔雀石绿	具致癌与致畸作用
六六六	高残毒
滴滴涕(DDT)	高残毒
磺胺脒(磺胺胍)	毒性较大
新霉素	毒性较大,对人体可引起不可逆的耳聋等

附录Ⅳ 水产养殖质量安全管理规定

中华人民共和国农业部令第 31 号

《水产养殖质量安全管理规定》,已于 2003 年 7 月 14 日经农业部第 18 次常务会议审议通过,现予发布,自 2003 年 9 月 1 日起实施。

第一章 总 则

第一条 为提高养殖水产品质量安全水平,保护渔业生态环境,促进水产养殖业的健康发展,根据《中华人民共和国渔业法》等法律、行政法规,制定本规定。

第二条 在中华人民共和国境内从事水产养殖的单位和个人,应当遵守本规定。

第三条 农业部主管全国水产养殖质量安全管理工作。

县级以上地方各级人民政府渔业行政主管部门主管本行政区域内水产养殖质量安全管理工作。

第四条 国家鼓励水产养殖单位和个人发展健康养殖,减少水产养殖病害发生;控制养殖用药,保证养殖水产品质量安全;推广生态养殖,保护养殖环境。

国家鼓励水产养殖单位和个人依照有关规定申请无公害农产品认证。

第二章 养殖用水

第五条 水产养殖用水应当符合农业部《无公害食品海水养殖用水水质》(NY5052—2001) 或《无公害食品淡水养殖用水水质》(NY5051—2001) 等标准,禁止将不符合水质标准的水源用于水产养殖。

态,实现减少养殖病害发生、提高

生态养殖 指根据不同养殖
物质循环系统,在一定的养殖空
措施,使不同生物在同一环境中共
殖效益的一种养殖方式。

第二十三条 违反本规定的
药管理条例》和《饲料和饲料添加剂

第二十四条 本规定由农业部

第二十五条 本规定自2003

第六条 水产养殖单位和个人应当定期监测养殖用水水质。养殖用水水源受到污染时,应当立即停止使用;确需使用的,应当经过净化处理达到养殖用水水质标准。

养殖水体水质不符合养殖用水水质标准时,应当立即采取措施进行处理。经处理后仍达不到要求的,应当停止养殖活动,并向当地渔业行政主管部门报告,其养殖水产品按本规定第十三条处理。

第七条 养殖场或池塘的进排水系统应当分开。水产养殖废水排放应当达到国家规定的排放标准。

第三章 养殖生产

第八条 县级以上地方各级人民政府渔业行政主管部门应当根据水产养殖规划要求,合理确定用于水产养殖的水域和滩涂,同时根据水域滩涂环境状况划分养殖功能区,合理安排养殖生产布局,科学确定养殖规模、养殖方式。

第九条 使用水域、滩涂从事水产养殖的单位和个人应当按有关规定申领养殖证,并按核准的区域、规模从事养殖生产。

第十条 水产养殖生产应当符合国家有关养殖技术规范操作要求。水产养殖单位和个人应当配置与养殖水体和生产能力相适应的水处理设施和相应的水质、水生生物检测等基础性仪器设备。

水产养殖使用的苗种应当符合国家或地方质量标准。

第十一条 水产养殖专业技术人员应当逐步按国家有关就业准入要求,经过职业技能培训并获得职业资格证书后,方能上岗。

第十二条 水产养殖单位和个人应当填写《水产养殖生产记录》(格式见附件1),记载养殖种类、苗种来源及生长情况、饲料来源及投喂情况、水质变化等内容。《水产养殖生产记录》应当保存至该批水产品全部销售后2年以上。

第十三条 销售的养殖水产品应当符合国家或地方的有关标准。不符合标准的产品应当进行净化处理,净化处理后仍不符合标准的产品禁止销售。

第十四条 水产养殖单位销售自养水产品应当附具《产品标签》(格式见附件2),注明单位名称、地址,产品种类、规格,出池日期等。

第四章　渔用饲料和水产养殖用药使用规定

第十五条　使用渔用饲料应当符合渔用饲料安全限量标准，自繁自用的

例》和农业部《无公害食品渔用饲料安全限量标准》的有关规定。提倡使用

使用配合饲料。限制直接投喂冰鲜（冻）饵料，防止残饵污染水质。

禁止使用无产品质量标准、无质量检验合格证、无生产许可证和产品

产品批准文号的饲料、饲料添加剂。

第十六条　使用水产养殖用药，应当符合《兽药管理条例》和农业

部《无公害食品渔药使用准则》的有关规定。使用药物的养殖水产

品在休药期内不得用于人类食品消费。

禁止使用假、劣兽药及农业部规定禁止使用的药品、其他化合物

和生物制剂。原料药不得直接用于水产养殖。

第十七条　水产养殖单位和个人应当按照水产养殖用药使用说

明书的要求或在水生生物病害防治员的指导下科学用药。

水生生物病害防治员应当按照有关执业资格的要求，经过职业技

能培训并获得职业资格证书后，方能上岗。

第十八条　水产养殖单位和个人应当填写《水产养殖用药记录》

(格式见附件3)，记载病害发生情况，主要症状，用药名称、方法、用量

等内容。《水产养殖用药记录》应当保存至该批水产品全部销售后2年

以上。

第十九条　各级渔业行政主管部门应当加强水

产养殖用药安全使用的宣传、培训和技术指导工作。

第二十条　农业部负责制定全国养殖水产品药物残留监控计划，

并组织实施。县级以上地方各级人民政府渔业行政主管部门负责本行

政区域内养殖水产品药物残留的监控工作。

第二十一条　水产养殖单位和个人应当接受县级以上人民政府

渔业行政主管部门组织的养殖水产品药物残留抽样检测。

第五章　附则

第二十二条　本规定用语定义

健康养殖　指通过采用投放无疫病苗种、改善养殖生态环境、科学

制养殖环境条件等技术措施，使养殖生物保持最适宜生长和发育的状